董粉和 ——

著

中国
历代
科技
史

秦汉科技史

「彩图版」

 上海科学技术文献出版社
Shanghai Scientific and Technological Literature Press

图书在版编目（CIP）数据

秦汉科技史 / 董粉和著 . —上海：上海科学技术文献出版社 , 2022

（插图本中国历代科技史 / 殷玮璋主编）

ISBN 978-7-5439-8535-3

Ⅰ.①秦… Ⅱ.①董… Ⅲ.①科学技术—技术史—中国—秦汉时代—普及读物 Ⅳ.① N092-49

中国版本图书馆 CIP 数据核字 (2022) 第 037053 号

策划编辑：张　树
责任编辑：王　珺
封面设计：留白文化

秦汉科技史
QINHAN KEJISHI
董粉和　著
出版发行：上海科学技术文献出版社
地　　址：上海市长乐路 746 号
邮政编码：200040
经　　销：全国新华书店
印　　刷：商务印书馆上海印刷有限公司
开　　本：650mm×900mm　1/16
印　　张：13
字　　数：161 000
版　　次：2022 年 8 月第 1 版　2022 年 8 月第 1 次印刷
书　　号：ISBN 978-7-5439-8535-3
定　　价：78.00 元
http://www.sstlp.com

目录
contents

一　001-008

秦汉科技概述

二　009-033

我国古代天文学体系的形成

八 135-151

冶铁业的成熟

九 152-174

建筑、交通、纺织及其他技术

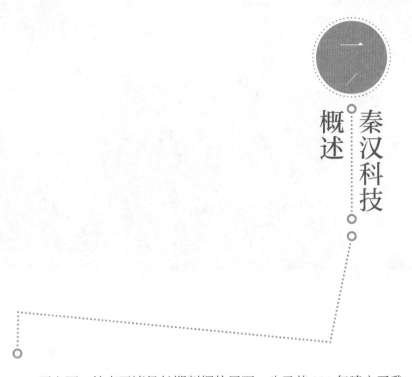

一

概述　秦汉科技

秦灭六国，结束了诸侯长期割据的局面，公元前 221 年建立了我国历史上第一个统一的、多民族的、中央集权的专制主义国家。秦始皇废除分封制，建立郡县，统一货币和度量衡，统一文字和车辙，下令摧毁战国时代在各国边境所修筑的城郭，拆除了在险要地区建立的堡垒，大规模移民于西北与五岭等边远地区，修筑堤防，疏浚河道，兴建驰道、栈道，整治长城。这些措施对巩固全国的统一，加强中央集权的统治有着重要的意义，对生产的发展和科学技术的交流也产生了积极的影响。但是，由于秦王朝对人民进行残酷的压迫和剥削，滥用人力和物力，并实行严厉的思想统治，焚书坑儒，致使民怨沸腾，在人民起义的猛烈冲击下，很快就灭亡了。

汉承秦制，西汉初年继续采取巩固和发展封建制的措施，实行"休

秦始皇

秦始皇是中国历史上首位用"皇帝"称号的君主，完成华夏大一统，奠定了中国两千余年政治制度基本格局。

养生息"的政策，提倡农桑，鼓励增殖人口和开垦土地，减徭薄赋，使经济得到恢复和发展。汉文帝、景帝时期出现了"治世"的兴盛景象，据《史记·平准书》记载，文景之世"京师之钱累巨万，贯朽而不可校。太仓之粟，陈陈相因，充溢露积于外，至腐败不可食"。同时在思想领域里打破了秦时的思想禁锢，战国时期百家争鸣的余波仍在荡漾。这些对生产和科学技术的发展都提供了有利条件。长沙马王堆西汉墓出土的各种精美文物，正反映了西汉初年科学技术发展的景象。

汉武帝时，实行盐、铁、酒等官营政策，大大增加了中央的财政收入，对农业生产和钢铁生产的发展以及冶铁术的进步有一定积极意义；实行"罢黜百家，独尊儒术"的政策，主张"天人感应"的神学目的论，加强了思想统治。为巩固国家的统一，汉武帝北击匈奴，并开发西南，开辟通往西域的"丝绸之路"，既促进了国内各民族间的交流，又加强了中外经济和文化的交流。汉武帝还施行"垦荒戍边""寓兵于农"的政策，对繁荣边区经济和科学技术的传播起了很好的作用。

汉武帝重视农业生产和水利灌溉，他认为："农，天下之本也。泉流灌浸，所以育五谷也"，"通沟渎，

汉武帝

汉武帝刘彻，西汉第七位皇帝。他十六岁即位，崇信方术，兼以穷兵黩武，晚年发动"巫蛊之祸"。

○ **坎儿井**

坎儿井是荒漠地区一种特殊的灌溉系统，与万里长城、京杭大运河并称为中国古代三大工程，存在于新疆维吾尔自治区吐鲁番市。在吐鲁番，还有坎儿井博物馆供游客参观。

畜陂泽，所以备旱也"（《汉书·沟洫志》）。在他统治期间，形成了"用事者争言水利"（《史记·河渠书》）的局面，一批大型的水利工程先后筑成，中小型水利工程的兴建不可胜数，出现了我国古代水利史上罕见的盛况。他任用比较熟悉农业生产的赵过为搜粟都尉，推广耦犁和耧车，在西北部分干旱地区施行较先进的"代田法"。又令全国郡守派遣所属县令、三老、力田、乡里老农，到京师学习新的耕作技术。这一系列措施，对于当时农业生产和

水利工程技术、农业科学技术水平的提高，都起着重要的作用。这一时期粮食亩产比汉初有较大增长，水利工程中井渠法（即坎儿井）的发明等，都说明了这个问题。

为了加强中央集权，扩大西汉王朝的统治基础，汉武帝颁行了一套新的选用官吏制度，注意选拔人才，充实官僚机构。太学的兴办和各种人才的选拔，对于文化的传播和提高产生了积极的作用。在人才的选用方面，也包括了科技人才的选用。如《太初历》的制定，就是在由民间征募来的20多名天文专家的参与下完成的。在推广新式农具时，也征用了各地的能工巧匠，等等。

汉武帝统治时期，是我国科学技术史上一个重要的发展时期。这个时期，是社会经济有较快发展的时期，但却由于武帝好大喜功，连年发动战争，加之统治者的挥霍浪费，几乎将人民创造的财富消耗殆尽。在民怨沸腾的情况下，汉武帝不得不下轮台罪己之诏，宣布，"当今务在禁苛暴，止（废除）擅赋，力本农"（《汉书·西域传》），表示与民更始，发展生产，与民休息。汉武帝死后，昭帝、宣帝相继当政，由于汉武帝晚年和昭、宣二帝采取了"轻徭薄赋，与民休息"的政策，才使昭、宣时期的社会又暂趋安定，社会生产和科学技术才得以保持继续发展的势头。刘向评论汉宣帝时称赞他"政教明，法令行，边境安，四夷清，单于款塞，天下殷富，百姓康乐，其治过于太宗（文帝）之时"（《风俗通·正失篇》）。

刘向

刘向是著名经学家、目录学家、文学家。所撰的《别录》是中国最早的图书分类目录，刘向被誉为"中国目录学之祖"。

西汉末年，皇室、贵戚、官僚和豪强地主依仗政治、经济特权，疯狂地兼并土地，强占民田，加速了农民的破产流亡。而统治集团的荒淫腐朽，弄得国库空虚，民穷财尽。社会危机越来越严重。虽经王莽改制，但却没有挽救社会危机，相反，频繁的战争，沉重的赋税征发，残酷的刑法，使得百姓"力作所得，不足以给贡税。闭门自守，又坐邻伍铸钱挟铜，奸吏因以愁民。民穷，悉起为盗贼"（《汉书·王莽传》下）。人民已无法生活，更谈不上发展科学技术。终于爆发了赤眉、绿林农民大起义，沉重地打击了豪强势力。

在这一革命浪潮的冲击下，新建立的东汉政权接连颁布许多道有关部分赦免奴婢和提高奴婢地位的诏书，并安抚流民，组织屯田，对生产关系作了部分调整。这些政策均有利于生产力的解放与发展。东汉前期，农民的租税徭役相对减轻；在农田水利事业兴建方面，不仅修复和扩建了许多已埋废的陂塘，而且又新修了一批水利灌溉工程，特别是汉明帝时期，较好地对黄河进行了治理；农业技术基础得到了加强，农耕工具、灌溉工具、农产品加工工具都比以前有所进步。这些措施使社会经济得到恢复和发展。由于东汉政府注重选拔人才，涌现出了以张衡为代表的一大批科学家，科学技术也很快恢复并且超过了西汉时期的水平。

在这时期的科学技术中，耕犁得到改进，牛耕技术也受到了普遍的重视，精耕细作的经营方法得到大力推广。铁制农具已经普及，从而也推动了冶铁技术的改进，南阳地区的冶铁工人发明了水力鼓风炉（水排），利用河水冲力转动机械，这是冶炼技术上的一大进步，冶铁效率和铸造技术都有了进一步的提高。纺织技术也有重大进步。而造纸业的发展，造纸技术的重大突破，更对中国和世界科学文化的发展，做出了伟大贡献。天文学也有进一步的发展。因此，继汉武、昭、宣时期科技

董仲舒

董仲舒是儒学大师、哲学家。于汉景帝时任博士，讲授《公羊春秋》。其在著名的《举贤良对策》中将儒家思想结合社会需要，并融合各家思想，系统地提出"独尊儒术"的主张，被汉武帝所采纳，使儒学成为中国社会正统思想。

发展的第一次高潮后，在这个时期出现了科技发展的第二次高潮。

思想上，董仲舒"天人感应"的神学体系，在东汉前期更被典范化和宗教化，谶纬之说极为流行，具有和经学同样崇高的学术地位。另一方面，与之相对立的思想也在发展，出现了扬雄、桓谭、王充以及张衡等一系列杰出人物，形成了"两刃相割""二论相订"（《论衡·案书》）的激烈论争。

这是中国古代著名的一场反对天人感应论、反对谶纬迷信说的论争，这场论争对于科学技术的发展是十分有利的。

科学技术的发展有其自身的规律性，有一个积累、提高和总结、飞跃的过程。东汉前期科学技术出现的一系列进步是在西汉以来长期积累、提高的基础上实现的。如历法、天文仪器的改进以及天文学其他方面的进步，都有一个发展的过程；造纸术的改善也有一个摸索的过程；等等。

东汉后期，统治者日趋腐朽，统治阶级内部有党锢之祸，阶级矛盾也进一步激化，导致了黄巾起义。但在医学上却出现了张仲景的《伤寒杂病论》这样的巨著，奠定了我国传统医学的理论基础，而华佗更以外科手术、方药、针灸等精湛医术，流传千古。这除了战乱与疫病蔓延的直接刺激外，主要同医药学知识的长期积累有密切关系。同样，这时的

黄巾起义

黄巾起义是发生于公元 184 年的一次大规模农民起义，也是中国历史上规模最大的以宗教形式组织的民变之一。此次起义对东汉朝廷的统治产生了巨大冲击，最终导致三国局面的形成。

天文学亦趋活跃，长期天文观测资料的积累是其主要原因之一。

　　古希腊的亚历山大里亚时期约与我国战国晚期和秦汉时期相当，这一时期的后期，在古希腊出现了托勒玫（Ptolemaeus，约公元 90—168）、盖伦（Galen，公元 129—199）等著名的科学家。他们在天文学、医学等领域进行了总结，形成了古希腊天文学、医学的独特体系。可是他们又是古希腊科学的终结的代表人物，在他们之后，科学的发展几乎陷于停顿，进入中世以后更是如此。而东汉时期的张衡（公元 78—139）、张仲景（公元 150—219）也在天文学、医学等领域有很高的造诣，为我国古代天文学、医学体系的建立做出了重要的贡献。他们又是继往开来的人物，在他们以后，科学技术均得到持续不断的波浪式的发展，并逐渐形成了自己的高峰。在秦汉时期，我国在许多科技领域已经超过了古希腊的水平，在中世纪以后，我国古代科技更是处于领先地位。

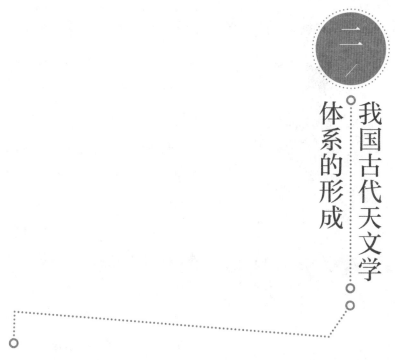

二、

我国古代天文学体系的形成

（一）历法体系的形成

1. 秦及汉初历法

战国末期齐国人邹衍等倡立五行学说，论著终始五德之运，他认为周朝是火德，替代它的必须是水德。秦统一中国后，认为秦以水德代替周火德，遂采用颛顼历，相应地改变正朔，在历日制度上作了一些改革。汉代秦，对于秦朝制度，很少改革。因此，汉初仍继续沿用颛顼历。颛顼历和黄帝历、夏历、殷历、周历、鲁历等六历，是我国最古的历法，约创立于公元前 4 世纪，它的回归年采 $365\frac{1}{4}$ 日的长度。由于秦始皇焚书，六历原本早已失散；其法散见于各史志及纬书子书等，这些一鳞半爪的资料，只是这些历法的印象，学者早已产生怀疑。

张苍

张苍助刘邦清除燕王臧荼叛乱，校正《九章算术》，制定历法，是中国历史上主张废除肉刑的一位科学家。

从秦始皇二十六年（前221）到汉武帝元封七年（前104）五月，共117年用颛顼历，十月为每年的第一个月，仍称十月而不称正月；第四个月，秦朝因避始皇名讳称端月，汉代则改称正月；最后一个月叫作九月。《史记》中《秦始皇本纪》从二十六年起，秦二世和汉高祖、吕太后、文帝、景帝各本纪中，史事发生年月，完全按照冬、春、夏、秋的顺序排列。

汉文帝十四年（前166）鲁人公孙臣上书说，汉代秦，应该改变正朔、服色制度，丞相张苍坚持汉朝也是"水德"，不宜改变秦朝制度，所以没有采用公孙臣的建议。

秦及汉初规定十月朔日举行一年开始的朝贺大典，月名和四季名称一律照旧。

2. 太初历—三统历

汉初使用从十月朔日开始的历日制度，随着农业生产的发展，渐觉这种政治年度和人们习惯通用的春夏秋冬显然不合。于是太中大夫公孙卿、壶遂，太史令司马迁等建议修改历法。同时汉初以后，人们对于天象观测和天文知识，确实有些进步，这为修改历法创造了良好的条件。武帝元封七年（前104）十一月初一恰好是甲子日，又恰交冬至节气，是一个难逢的机会。这年五月，汉武帝命公孙卿、壶遂、司马迁等人

"议造汉历"，并征募民间天文学家 20 余人参加，其中包括治历邓平、长乐司马可、酒泉郡侯宜君、方士唐都和巴郡落下闳等人。他们或作仪器进行实测，或进行推考计算，对所提出的 18 种改历方案，进行了一番辩论、比较和实测检验，最后选定了邓平、落下闳提出的八十一分律历。把元封七年改为太初元年，并规定以十二月底为太初元年终，以后每年都从孟春正月开始，到季冬十二月年终。这种历法叫作太初历，它是我国最早根据一定规制而颁行的历法。从改历的过程我们可以看出，当时朝野两方对天文学有较深研究者，可谓人才济济。特别是来自民间的天文学家数量之多，说明在社会上对天文学的研究受到广泛的重视，有着雄厚的基础。我国古代制历必先测天，历法的优劣需由天文观测来判定的原则，这时就已得到了确认和充分的体现，这对后代历法的制定产生了十分深远的影响。它的制定是划时代的。

太初历的基本常数是，一朔望月为 $29\frac{43}{81}$ 日，所以叫作八十一分法，或八十一分律历。这个朔望月的日数比战国时期四分历的朔望月日数更大，当然是不够精确的，但太初历的颁布施行是经过考验的。昭帝元凤三年（前 78），太史令张寿王反对施行太初历，主张用殷历。经考验后，因殷历疏远而仍用太初历。

太初历已具备了气朔、闰法、五星、交食周期等内容。它首次提出了以没有中气（雨水、春分、谷雨等十二节气）的月份为闰月的原则，把季节和月份的关系调整得十分合理，这个历法在农历（夏历）中一直沿用到现在。太初历还第一次明确提出了 135 个朔望月中有 23 个食季的食周概念，关于五星会合周期的精度也较前有明显提高，并且依据五星在一个会合周期内动态的认识，建立了一套推算五星位置的历法。这些都为后世历法树立了范例。

太初历的原著早已失传，西汉末年，刘歆基本上采用了太初历的数据，据太初历改为三统历。它被收在《汉书·律历志》里，一直流传至今。实际太初历以改元而得名，而三统历是以法数而得名。刘歆把邓平的八十一分法作了系统的叙述，又补充了很多原来简略的天文知识和上古以来天文文献的考证，写成了《三统历谱》，这部历法以统和纪为基本，统是推算日月的躔（日月运行时经过某一区域）离，纪是推算五星的见伏。统和纪又各有母和术的区别，母是讲立法的原则，术是讲推算的方法，所以有统母、纪母、统术、纪术的名称；还有岁术，是以推算岁星（木星）的位置来纪年；其他有五步，是实测五星来验证立法的正确性如何；此外，还有"世经"，是考研古代的年，来证明它的方法是否有所依据。这些就是《三统历谱》的七节。这部历法是我国古代流传下来的一部完整的天文著作。它的内容有造历的理论，有节气、朔望、月食及五星等的常数和运算推步方法，还有恒星的基本距离，可以说含有现代天文年历的基本内容。因而，《三统历谱》被认为是世界上最早的天文年历的雏形。

依据三统历所讲的根数和原则推算气朔的条件，都已齐全。就推算气朔一方面来讲，其出发点在于规定一月的日数为 $29\frac{43}{81}$ 日；其余日数，则反而是从这朔推出或迁就而得的。即三统历先议定：

$$一月的日数 = 29\frac{43}{81} = \frac{2392}{81} 日$$

由于十九年七闰，所以：

$$一岁的月数 = 12\frac{7}{19} = \frac{235}{19} 月$$

因而：

$$一岁的日数 = 365\frac{385}{1539} = \frac{562120}{1539} 日$$

这个一朔望月的日数，一回归年的月数和日数都嫌太大些。

　　1 章 =19 年 =235 月

在这个周期，朔旦冬至复在同一天。

　　1 统 =81 章 =1539 年 =562120 日 =19035 月

在这个周期，朔旦冬至复在同一天的夜半。

　　1 元 =3 统 =4617 年

在这个周期，朔旦冬至又复在甲子那天的夜半。因为一统的日数是 562120 用 60 来除，还剩 40。所以若以甲子日为元，则一统后得甲辰，二统后得甲申，三统后才复得甲子。这就是"三统"名称的由来。这个元法 4617 以 60 除不尽，所以元首的年名，不能一样。

　　三统历的元首，设在汉武帝元封七年岁前仲冬甲子，据《汉书·律历志》所载，当时曾实际观测，得到这天朔旦冬至，所以改元封七年为太初元年。古人除了甲子夜半朔旦冬至之外，还要配合日月合璧和五星连珠的周期，所以三统历又立 5120 元即 3639040 年的大周期，其起首叫作"太极上元"。并定太初元年二距太极上元的积年为 143127 岁，即在大周中已过了三十一个元法。

　　三统历是我国首先使用交点年和恒星月的历法。它的置闰方法是先定闰余，闰余是所求年前冬至距前朔得朔实（一月的日数）十九分之几分。例如一年是 $12\frac{7}{19}$ 月，每年多 $\frac{7}{19}$ 月，三年为 $\frac{21}{19}$ 月，即 $1\frac{2}{19}$ 月。这样第三年就是闰年十三个月，而多余的 $\frac{2}{19}$ 月，即闰余。倘闰余满十二以上，则冬至以后一年内有闰月；盖因一年的月数假定为 $12\frac{7}{19}$ 月，而冬至前已有余数 $\frac{12}{19}$，则至次年冬至之前，必已积至一个朔实以上。求年中闰月的位置，则以两合朔间不逢中气为原则，就是所谓"朔不得中，是为闰月"，意思甚为明显。

太初历把一回归年平分为二十四气，接连二气之间，相隔$15\frac{1010}{4617}$日；二十四气名称顺序和《淮南子·天文训》所载的相同。并称从冬至起，奇数次的气，如大寒、雨水等为中气；偶数次的气，如小寒、立春等为节气。而在《三统历谱》中，则把雨水和惊蛰二气次序颠倒，清明和谷雨二气次序颠倒，其他各气次序没有改变。（这四个节气次序的改变，是由于刘歆本人的偏见，而不是当时人们遵行的历法。）

太初历的制定是以天文观测记录为依据的，是与生产实践相结合的，它的内容比过去的颛顼历要丰富得多。《三统历谱》中所叙述历法的天文数据和运算推步方法，都是合乎科学的，成为后世历法的范例。但是，西汉时期逞才邀宠的士大夫，大都利用经术来粉饰各种制度，刘歆为了支持王莽的托古改制，也特意利用《易经·系辞传》来解释太初历的天文数据。这样假借经传来穿凿附会，使天文科学染上了神秘的色彩，开2000年来术数家所走歧途的先例，而和科学背道而驰，至为可惜。

王莽篡汉时候，以夏正十二月为正月，以它为岁首；而历法的常数，仍用三统历的数值。东汉初期也用三统历，太初历从太初元年（前104）行用到东汉章帝元和元年（公元84），共行了188年。

3. 四分历

太初历施行100多年后，到东汉初年，人们发现日月合朔常在历书上朔日之前，月食日期，也比太史预推的早一日，东汉光武帝（公元25—57）时，虽已建议改历，但到章帝元和二年（公元85）才废止太初历，重订四分历并颁布施行。

东汉四分历的基本常数即岁实和朔策，与战国时期的四分历相同。

$$1 \text{ 回归年} = 365\frac{1}{4} \text{ 日}$$

$$1 \text{ 朔望月} = 29\frac{499}{940} \text{ 日}$$

东汉四分历以文帝后元三年庚辰（前161）"冬十有一月甲子夜半朔旦冬至"为历元，这样就校正了太初历施行100多年后所发生的"后天"现象。它又从庚辰年上推两元即9120年（前9281），作为日月食和五星循环周期的开始。又如二十八宿距星间黄赤道度数，二十四气的昏正中星，昼夜漏刻和八尺表日中影的长短等，这历都载有当时实测的记录。东汉四分历叫作庚申元历。

东汉天文学家不但重视实际观测和前代天文记录，还要同一般迷信纬书、图谶的人们展开斗争，使中国天文学向前发展了。这个时期天文学的进步，给后来制定历法以划时代的影响，如月行速度的迟疾和漏刻的革新是其主要者。

东汉在元和改历以后，屡提改历论，而其议论中心，始终是关于历法的细枝末节，并没有谈到问题的核心。因而仍以支持四分历的人居多，终东汉之世，没有再行改历。

东汉四分历是经过长时期的实测酝酿而制定的。除了有关测定恒星的记录外，还有二十四节气的测定太阳的三种记录：

a. 日所在黄道去极度即太阳距离北天极的度数，是用浑仪测定的；

b. 晷景，即太阳经过子午线时表影的长度，是用圭表测定的（汉代表高为八尺）；

c. 昼夜漏刻是漏壶测定的，昼漏刻等于从日出到日没的时间，再加上五刻，夜漏刻等于一百刻减去昼漏刻。它是我国科学史上最古老的、最完整的有关太阳的实测记录，是珍贵的天文史料。

4. 乾象历

乾象历是后汉灵帝光和年间（178—183）刘洪所创的划时代的历法，它形成一个完整的历法，至迟是在献帝建安十一年（206）。乾象历创法很多，确比四分历精密，为后世历法的师法。灵帝末年，政局动荡不安，乾象历没有被采用，至吴黄武二年（223）始颁行使用。

刘洪认为四分历的缺点主要是回归年和朔望月都嫌太长，乾象历遂减短为：

$$1\ 回归年 = 365\frac{145}{589}\ 日 = \frac{215130}{589}\ 日$$

他仍保留十九年七闰的闰周，朔望月减短为：

$$1\ 朔望月 = \frac{43026}{1457}\ 日 = 29\frac{773}{1457}\ 日$$

这种改革，确比旧法进步，但回归年仍是太长，而朔望月又略嫌太短。

乾象历一回归年的分数中，分母 589 叫作纪法，朔旦冬至以这个年数而复原，它相当于四分历的一纪（1520）；二纪叫作乾法，即 1178 年，朔望节气日期和干支都可复原。它以太初历历元即元封七年丁丑十一月朔旦冬至为历元，再上推十二纪到"上元乙丑"年，作为推算日月五星的起点。

乾象历被称为划时代的历法，首先由于它计算了月行的迟疾；它从"过周分"（指月行疾迟一周，过于周天的度数），计算出近点月的日数，和近世实测所得的结果，相差不远。它从实测得出一近点月内，每天月球实际运行的度数，并造表列出了每天实际速度超过或不及平均速度的"损益率"；从"损益率"累积而得盈缩积等项。为了预推日月食的时刻，乾象历有"求朔望定大小余"和"求朔望加时定度"两个算法。它还创"月行三道术"（三道指中道、内道和外道。中道为黄道；内道为阴历，在黄道北；外道为阳历，在黄道南）；推算五星方法，也比四分历进步，其所测五星会合周期，除火星外，都和今值接近。

（二）天文仪器和天象记录

1. 浑仪

浑天仪
中国现存最早的浑天仪制造于明朝，陈列在南京紫金山天文台。

浑仪是我国古代天文学家用来测量天体坐标和两天体间角距离的主要仪器。浑仪的关键部位是窥管，这是一根中空的管子，好像现代的望远镜，但是没有镜头。人眼在管的一端，通过空管看见天上一个小的部分，将窥管放置于不同方向就能看到天上不同的区域。用来支撑这个窥管，使它能指向天上任何一个方位的是四游仪。四游仪的结构是这样的：一个双重的圆环，把窥管（又称望筒）夹在中间，窥管可以在这个双环里滑动，这个双环平面内的任何方向都可以看到；这个双环又可以

绕两个支点转动，
双环所在平面可以
扫过全天球；借助
双环的旋转和窥管
的旋转，两种运动
的结合就可以使窥
管指向天球上任何
一个方向。历史上
制造过许多浑仪，

四游仪
四游仪设计非常精妙。

这种四游仪都是其中不可缺少的部分。除了四游仪和窥管外，浑仪的其他部分就是代表各种天文意义的环圈和支承结构。一般说来，有地平圈，代表地平面；有子午环，经过天顶过南北方向的环；有卯酉环，东西方向的环；赤道环；黄道环；白道环等。

落下闳故居
落下闳故居位于中国历史文化名城——四川省阆中古城核心保护区内，是为纪念世界杰出的古天文历算学家落下闳复建的一座串珠式二进民居院落。

史籍记载浑仪的制造始于汉落下闳。他是蜀郡人，汉武帝时应召到京师长安参与制定《太初历》。落下闳以他制造的浑仪观测天象，测定了二十八宿的距度、五大行星的运动情况等，为制定《太初历》取得了第一手资料。

浑仪并不是落下闳最先发明的，他说：年轻的时候就能做这种仪器，那时只根据尺寸制作而已，不知道其中的道理，以后越做越明白，做得也好了，至今已70岁，才知道了一点其中奥妙，可我又快要老死了。这说明在落下闳年轻的时候，社会上就已出现了浑仪，他并不是首创者。也许，他的家族是世代做浑仪的工匠或发明家。

汉初的浑仪结构不会复杂，大概只有一个赤道环，一个赤经双环夹着窥管，能测得天体的赤经和去极度。赤经以二十八宿距星为各个标准点，以入宿度的形式表达出来。用这架只有赤道坐标的仪器来度量太阳月亮的运动，发现两者的运动都不均匀，这同西汉天文学家们的想法不同，于是大家都在找原因，后来发现，日月的运动都是沿黄道的（当时月亮依白道而行的认识还未达到），它们即使在黄道上均匀运动，以赤道来度量当然就是不均匀的了。公元104年，东汉和帝下令贾逵另制一架仪器，用来测量日月的运动，他在浑仪上增设了黄道环，以黄道来测量日月运动，这就是我国历史上第一架黄道铜仪。

贾逵用他的黄道铜仪来测量日月的运动，发现太阳的运动显得均匀了

黄道铜仪

黄道铜仪属于浑天仪，是用于观测的仪器，以之测量日月行星、恒星在天空的位置，确定两个天体之间的角度。

（其实也应该是不均匀的，因他的仪器精度不够，当时也没有这样的认识），而月亮的运动仍是不均匀的。贾逵根据自己的实际观测，大胆地得出结论：月亮的运动是不均匀的。这一发现是改进仪器得到的第一个结果，它促进了历法的进步，也丰富了人们对天体运动的知识，为以后太阳运动不均匀的发现打下了思想基础。

2. 浑象

浑象是另一种古代天文仪器，主要用于象征天球的运动，表演天象的变化，有时也称浑天象或浑天仪，甚至称为浑仪，同用于观测的浑仪互相混淆。浑象的基本形状是一个大圆球，象征天球，大圆球上布满星辰，画有南北极、黄赤道、恒显圈、恒隐圈、二十八宿、银河等，另有转动轴以供旋转，还有象征地平的圈（在圆球之外）或框，抑或有象征地体的块（在圆球之内）。由于大圆球的转动带动星辰也转，在地平以上的部分就是可见到的天象了。

历史上最早记载制造浑象的是耿中丞，即耿寿昌，他是西汉宣帝时的大司农中丞，大概是因为农业生产同天象变化关系密切，他对天文学也有研究。他把从浑天说认识到的天球形象化地表现出来，可见浑象的大体形状应该是个大圆球，在球上布列了许多星辰，大圆球的旋转就表演出天象的变化。可惜，耿寿昌的浑象和著作都未能保留下来，我们无从知道它的具体结构。

现在我们能见到的有关浑象的记载要数东汉张衡的《浑天仪图注》为最早了。张衡在前人制造浑象的基础上也制作了一架"水运浑天仪"，实际上就是一个浑象。那是一个大圆球，周长为1丈4尺6寸1分，相当于4分为1度，周天共365$\frac{1}{4}$度，上面标有二十八宿中外星官、南北二极、黄赤二道，北极周围有恒显圈，南极附近有恒隐圈，还有二十四节气，日、月、五大行星等。整个浑象以水力推动，与天球转动合拍，这是在我国古代历史上一个很著名的创造。

张衡的仪器由于年代久远而不能见到了，但是张衡浑象的式样已被历代继承下来。

3. 天象记录

秦汉时期，对于天象的观测和记录有两个明显的特点。

第一，各种天象的记录趋于齐备。

现今世界公认的最早的黑子记录，是西汉河平元年（前28）三月所见的太阳黑子记录。载于《汉书·五行志》："河平元年……三月己未，日出黄，有黑气，大如钱，居日中央。"这一记录把黑子的位置和时间都叙述得很详尽。事实上，在这以前，我国还有更早的黑子记载。在约成书于公元前140年的《淮南子》中，就有"日中有踆乌"的叙述。踆乌，也就是黑子的形象。而比这稍后的，还有汉元帝永光元年（前43），"日黑居仄，大如弹丸"（《汉书·五行志》），这表明太阳边侧有黑子成倾斜形状，大小和弹丸差不多。黑子，在太阳表面表现为发黑的区域，由于物质的激烈运动，经常处于变化之中，有的存在不到一天，有的可到一个月以上，个别长达半年。这种现象在《后汉书·五行志》中也有记载："中平五年（188）正月，日色赤黄，中有黑气如飞鹊，数月乃销。"我们祖先观测天象，全靠目力，对于太阳只有利用日赤无光，烟幕蔽日之际，或太阳近于地平，烟气朦胧之中，始可观望记录。此后，从汉到明，黑子的记载超过100次。

有些星原来很暗弱，多数是人目所看不见的。但是在某个时候它的亮度突然增强几千到几百万倍，叫作新星，有的增强到一亿至几亿倍，叫作超新星，以后慢慢减弱，在几年或十几年后才恢复原来亮度，好像是在星空作客似的，因此我国古代凡称"客星"的，绝大多数是指新星和超新星。新星和超新星的明确系统的记载也首见于汉代,《汉书·天文志》中有:"元光元年(前134)六月,客星见于房。"房就是二十八宿里的房宿,相当于现在天蝎星座的头部,这是人们发现,并在中外历史上都有记载的第一颗新星,但西洋记录未注明月日,也没有注明方位,不如《汉书·天文志》记录简明、准确。又如"中平二年(185)十月癸亥,客星出南门中,大如半筵,五色喜怒,稍小,至后年六月消"(《后汉书·天文志》),这是世界上最早的有关超新星的记录。自此以后到1700年,我国有90个关于新星的记录,这90颗新星中,可能有11颗是超新星。

第二,天象记录日趋详尽、精细。

对日食的观测,不但有发生日期的记载,而且开始注意到了食分、方位、亏起方向及初亏和复圆时刻等。日月食是怎样发生的呢?成书于西汉中期(相当于前100年)的《周髀算经》中就曾认识到"日兆(照)月,月光乃出",说的是月亮上的光亮是太阳光照上后发射出来的,而不是月面所固有。月亮本身不发光是发生月食的先决条件之一,因此,《周髀算经》上的认识很重要。东汉张衡有了更进一步的认识,他已经知道了月食是由于地球遮住了太阳光而造成的这个非常重要的道理,即地球的影子投到月面上就要发生月食。张衡把这种影子叫作"暗虚"。关于彗星,绕太阳运行平均周期是76年,出现的时候形态庞然,明亮易见。据统计,从春秋战国到清末的2000多年中,关于彗星的记录共有31次。其中,以《汉书·五行志》元延元年(前12)记载的最详细:"元延元年七月辛未,有星孛于东井,践五诸侯,出河戍北,率行轩辕、太微,后日六度有余,晨出东方。十三日,夕见西方……锋炎再贯紫宫中……南逝度犯大角、摄提。至天市而按节徐行,炎入市中,旬而后西去;五十六日与苍龙俱伏。"我国古代科学家已能用这样生动而简洁的语言，把气势雄壮的彗星的出现时间、运行速度及路线，描绘得栩栩如生。对于极光的记录，无论数量还是质量，此时也较以前有所增加和提高。如《汉书·天文志》："汉惠帝二年（前193），天开东北，广十余丈，长二十余丈。""汉永始二年二月癸未夜（公元前15年3月27日）东方有赤色，大三四围，长二三丈，索索如树，南方有大四五围，下行十余丈，皆不至地灭。"

我国古代对天象的观测和记录的传统，在汉代奠定了坚实的基础，以后历代延续不断且有所发展。在望远镜发明以前的漫长年代里，积累了大量有关日食、黑子、彗星、流星雨、新星、超新星和极光等十分准确、丰富的记录，为近现代科学研究提供了宝贵的历史资料。

（三）天文学派

人生天地之间，从远古时代起就在思考：这盖我载我之天地到底具有什么形状，它们之间的关系如何？《诗经·小雅·正月》："谓天盖高，不敢不局（弯曲）；谓地盖厚，不敢不蹐（后脚尖紧跟着前脚跟）。"这里表达了古人天高地厚的原始认识。古人仰观这摸不着的天，俯察这挖不透的地，产生了很多有关天地结构的理论。在汉代，有关宇宙结构理论的有盖天、浑天、宣夜三个学派，人称谈天三家。

1. 盖天说

盖天说，无疑是我国最古老的宇宙说之一。"天似穹庐，笼盖四野，天苍苍，野茫茫，风吹草低见牛羊"。当你来到茫茫原野，举目四望，只见天空从四面八方将你包围，有如巨大的半球形天盖笼罩在大地之上，而无垠的大地在远处似与天相接，挡住了你的视线，使一切景色都消失在天地相接的地方。这一景象无疑会使人们产生天在上，地在下，天盖地的宇宙结构观念。盖天说正是以此作为其基本观点的。

盖天说的出现大约可以追溯到商周之际，当时有"天圆如地盖，地方如棋局"的说法。到了汉代盖天说形成了较为成熟的理论，西汉中期成书的《周髀算经》是盖天说的代表作。认为"天象盖笠，地法覆盘"，即：天地都是圆拱形状，互相平行，相距8万里，天总在地上。

盖天说为了解释天体的东升西落和日月行星在恒星间的位置变化，设想出一种蚁在磨上的模型。认为天体都附着在天盖上，天盖周日旋转不息，带着诸天体东升西落。但日月行星又在天盖上缓慢地东移，由于天盖转得快，日月行星运动慢，都仍被带着做周日旋转，这就如同磨盘上带着几个缓慢爬行的蚂蚁，虽然它们向东爬，但仍被磨盘带着向西转。

太阳在天空的位置时高时低，冬天在南方低空中，一天之内绕一个大圈子；夏天在天顶附近，绕一个小圈子；春秋分则介于其中。盖天说认为，太阳冬至日在天盖上的轨道很大，直径有47.6万里，夏至日则只有23.8万里。盖天说又认为人目所及范围为16.7万里，再远就看不见了，所以白天的到来是因为太阳走近了，晚上是太阳走远了。这样就可以解释昼夜长短和日出入方向的周年变化。

盖天说的主要观测器是表（即髀），利用勾股定理做出定量计算，赋予盖天说以数学化的形式，使盖天说成为当时有影响的一个学派。

2. 浑天说

盖天说解释自然现象的出发点是把天当作盖在地上的一个半球，日月星辰都在这个半球形的天盖上运动，不会没到地下面去，有时看不见只是因为它们离我们太远了。浑天说正是在这些基本出发点上提出了不同的看法：浑天说认为天是一个整球，一半在地上，一半在地下，日月星辰随天球而运动；有时看不见是因为它们转到地下面去了。这一看法的起源也很早，在《尚书·顾命》中讲皇室里放置的摆设，其中就有天球在西壁。

扬雄

扬雄，字子云，汉时辞赋家、思想家。少年好学，博览群书。著有《法言》《太玄》等。

浑天说是我国古代科学家为了更好地解释自然现象，避开盖天说所遇到的困难而逐渐发展起来的，它同盖天说在科学上的争论延续了好几百年，从汉代以后的 1000 多年一直占主要地位。经汉代落下闳、鲜于妄人、耿寿昌、扬雄等人的努力，浑天说渐为人们所接受，尤其是西汉末的扬雄提出了难盖天八事，给盖天说以较大打击，东汉张衡则是浑天说的集大成者。

汉代，根据浑天说制造的浑象和浑仪广泛应用于天文学研究。浑象是浑天体系的形象化仪器，张衡在前人的基础上加以改进，制成了"水运浑天仪"，他以漏水做动力，使浑象自动运转，其速度同人们所视天空物体运动速度相一致。浑象绕着极轴转动，北极出地的高度为 36 度。以北极为中心，在半径为 36 度的范围之内的星永远不会转到地下去，这就成功地解释了为什么北极附近的一部分恒星常年可见，不断绕北极转动的现象。同样的道理，在南极附近 36 度的范围内的星永远不会转到地上，所以看不见那里的星星。

在浑象上标出二十八宿和其他恒星，随天球而转动。很显然，二十八宿和其他恒星大体上总是一半在地上可见，一半在地下不可见。由于浑象的旋转，有的星渐渐从东方升起，有的星从西方落下。这就成功地说明了星辰的东升西没，运转不息的现象。

至于四季循环，昼夜长短的交替，盖天说虽然有自己的一套解释办法，但也确实存在若干不能解释的问题。而浑天说却较能精确地予以说明，在浑象南北两极的正中间画一个大圆，将浑象分成南北两个半球，这个大圆就是赤道；跟赤道斜分又划一个大圆，两者交角成 24 度，这个大圆是黄道，太阳就循黄道而运动。浑象绕极轴转一圈就是一昼夜，当太阳处在黄道上最北点（离赤道最远）时就是夏至日，在浑象转一圈的时间内太阳有一大半时间在地上，一小半时间在地下，这就说明日出在东北方，日没在西北方，说明夏至日白天长黑夜短的现象；当春秋分时，太阳正处于黄道与赤道的交点上，浑象转一圈太阳一半时间在地上，一半在地下，这就说明了日出东、日没西、昼夜相等的现象；当冬至的太阳处于黄道最南点，浑象转一圈太阳在地上的时间少而在地下的时间多，这正好说明冬至日出东南方，日没西南方，昼短夜长的现象。

主张浑天说的许多天文学家对地体的形状作过不少叙述，他们认为地体不是球形，而是上平下圆的半球形，正好填满天球的下半部，圆形地面的直径正好同天球的直径相等，而地面的中心就在阳城（今河南商水西南），不管什么季节，什么时刻，太阳跟阳城的距离都是相等的，由此还可以计算出冬至、夏至等不同节气中午时太阳的距地高度，方法仍是勾股定理。这一套看法和知识可算是沿袭了盖天说的成果，没有什么新发展。

浑天说对地体形状的上述看法显然有很大毛病，所以必然惹来麻烦。例如，既然地面同天球的腰正好一样大，那么太阳、月亮等天体怎么能自由地转到地下去呢？浑天说同盖天说都曾认为太阳和月亮的直径都有 1000 里，那么地面边缘同天球之间必须有 1000 里的空隙才能容许太阳、月亮自由出入，于是张衡对圆形的天球作了微小的改变，认为东西方向要长 1000 里，南北方向要短 1000 里，这大概就是为了太阳、月亮出入的方便，但是在进行计算时仍把天球当作一个圆球来看待。可是后人也许没有十分了解张衡的用意，说天球像一个鸡蛋那样的扁球形，居然还把浑象也做成一个鸡蛋状，转动起来很不方便，后来又改成了球形。还有就是"地中"之说，认为不管人们走到地面上什么地方，抬头望天总感到自己处于天球正中的下面，都有"地中"之感。这些都是对地体形状的看法不正确所带来的麻烦，没有得到满意的解决。

浑天、盖天，哪个正确？这个问题很难回答，可以说都不对，又都有点儿对。浑天和盖天代表了历史上人们认识天地结构的不同水平，虽然它们距事实都甚远，但是反映了人们对天体认识的一个发展阶段。

3. 宣夜说

按照盖天、浑天的体系，日月星辰都有一个依靠，或附在天盖上，随天盖一起运动；或附缀在鸡蛋壳式的天球上，跟着天球东升西落。在这些系统里不会产生日月星辰是否会掉下来的问题。但是人们的思想是很活跃的，盖天说和浑天说都有不少漏洞，特别是日月星辰的运动都各有不同，有快有慢，全不像附在同一个东西上运动，所以在汉代以前就产生了另一种有关天地结构的新思考，它既不同于浑天说，也不同于盖天说。古书上记载为"宣夜之学"，通称为"宣夜说"。"宣夜"这个名字很怪，初看不知为何义，历来也无解释，直到清末邹伯奇（1817—1867）才说："宣劳午夜，斯为谈天家之宣夜乎？"这是一种望文生义的解释，但在没有任何说法的情况下可聊备一说，即"宣"表示喧嚣达旦，夜就是整个夜里，表示天文学家整夜忙于天文观测，又互相讨论，可见宣夜之学即为有关天文学的知识。

同浑天说和盖天说相类似，宣夜说也是古人提出的一种宇宙学说。《晋书·天文志》说："宣夜之书亡，惟汉秘书郎郄萌记先师相传云，天了无质，仰而瞻之，高远无极，眼眚精绝，故苍苍然也。譬之旁望远道之黄山而皆青，俯察千仞之深谷而幽黑。夫青非真色，而黑非有体也。

日月众星，自然浮生虚空之中，其行其止皆须气焉。是以七曜（指日、月及金、木、水、火、土五星）或逝或住，或顺或逆，伏见无常，进退不同，由乎无所根系，故各异也。故辰极常居其所，而北斗不与众星西没也；摄提、填星皆东行，日行一度；月行十三度。迟疾任情，其无所系著可知矣，若缀附天体，不得尔也。"

这是关于宣夜说的一段最完整的史料，它包含了有关宣夜说的许多内容。首先，宣夜说起源很早，汉代郗萌（公元1世纪）只是记下了先帅传投的东西；第二，宣夜说认为天是没有形体的无限空间，因无限高远才显出苍色；第三，以远方的黄色山脉看上去呈青色，千仞之深谷看上去呈黑色，实际上山并非青色，深谷并非有实体，以此证明苍天既无形体，也非苍色；第四，日月众星自然浮生虚空之中，依赖气的作用而运动或静止；第五，各天体运动状态不同，速度各异，是因为它们不是附缀在有形质的天上，而是飘浮在空中。

无可否认，这些看法是相当先进的，它同盖天、浑天说本质的不同在于：它承认天是没有形质的，天体各有自己的运动规律，宇宙是无限的空间。这三点即使在今天也是有意义的。或许正因为它的先进思想离当时人们的认识水平太远，它不可能为多数人所接受。试想，一个无限的宇宙空间已是难以想象，更何况众多的天体都毫无依赖地飘浮在空中各自运动呢？在近代科学诞生以后，依据万有引力定律和天体力学规律说明了天体的运动，证明了宣夜说的基本观点是正确的，然而在古代缺乏理论的证明，只能使它保留在思想领域，成为一种思辨的假说。随着时间的流逝，人们对宣夜说的观点也渐渐淡漠了。唐代天文学家李淳风，在他所著的《晋书·天文志》中保留了宣夜说的唯一资料，才使这一思想得以保存下来。

（四）张衡

张衡（78—139），字平子，东汉南阳西鄂（今河南南召县南）人，东汉时最杰出的科学家，也是世界上最早的伟大天文学家之一。

张衡是浑天说的集大成者，他的《浑天仪图注》是浑天说的代表作，他认为："浑天如鸡子，天体圆如弹丸，地如鸡中黄，孤居于内，天大而地小，天表里有水，天之包地，犹壳之裹黄。天地各乘气而立，载水而浮。"他还指出天体每天绕地旋转一周，总是半见于地平之上，半隐于地平

张衡塑像

张衡是东汉时期杰出的天文学家、数学家、发明家、地理学家、文学家。东汉中期浑天说的代表人物之一，被后人誉为"木圣"。

之下，等等。这里张衡明确地指出大地是个圆球，形象地说明了天与地的关系，但"天表里有水"等说法，却是一个重大的缺欠。

张衡不但倡导浑天说，而且在前人工作的基础上，着手制造了用于演示浑天思想的仪器——水运浑象，这对浑天说能得到社会的广泛承认，起了重要的作用。该仪器以一直径约五尺的空心铜球表示天球，上面画有二十八宿，中外星官以及互成 24 度交角的黄道和赤道，黄道上还标明二十四节气的名称；紧附在天球外的有地平环和子午环等；天体半露于地平环之上，半隐于地平环之下；天轴则支架在子午环上，其北极高出地平环 36 度，天球可绕天轴转动。这就是浑象的外表结构，它们均十分形象地表达了浑天思想。张衡又利用当时已得到发展的机械工

程技术，巧妙地把计量时间用的漏壶与浑象联系起来，即利用漏壶的等时性，以漏壶流出的水为原动力，再通过浑象内部装置的齿轮系等传动和控制设备，使浑象每日均匀地绕天轴旋转一周，从而达到自动地、近似正确地演示天象的目的。此外，水运浑象还带动一个称作"瑞轮蓂荚"的巧妙仪器。传说蓂荚是一种奇妙的植物，它每天长一片叶子，到月半共长 15 片，以后每天掉一片叶子，到月底正好掉光。"瑞轮蓂荚"就是按这种现象构思的，用机械的方法使得在一个杆子上每天转出一片叶子来月半之后每天又落下一片叶子，上半月看长出几片就知道是初几，下半月看落了几片就知道月半后又过了几天，同时也可知道月相，这个巧妙的仪器就是机械日历。据史书记载，水运浑象制成后，置于一暗室中运转，"其伺之者以告灵台之观天者曰：某星始见，某星已中，某星今没，皆如合符也"。

张衡在宇宙理论领域的探索，还涉及宇宙起源、演化以及无限性等论题，这方面的研究成果均载于他的另一天文学名著《灵宪》中。张衡认为宇宙是在演化着的，其过程可以分为三个阶段：在"溟涬"阶段，只存在一切虚无的空间；到"庞鸿"阶段，则已经萌生出物质性的元气，但还混沌不分；而到"太元"阶段时，元气已分成了阴、阳两气，又由于刚柔、清浊、动静等物理因素的作用，逐渐形成了天地万物。在张衡看来，每一阶段都是其前一阶段长期渐变的结果，而且前后两个阶段又是由突变的方式相衔接的。对于"太元"阶段，张衡还特别强调了"自然相生"的理论。他认为由于自然界自身"旁通感薄"，即存在着互相助成、互相影响、互相矛盾的作用或运动，便自然而然地造成了物质世界"情性万殊"的状况。张衡的这些理论是在前人有关论述的基础上所做的新概括和新发展。虽然他在宇宙本原的问题上，引进了虚无的观念，但关于宇宙是在发展变化着的，变化是分阶段有层次的，其形式有渐变也有突变，其原因则存在于事物的内部等认识，都是十分宝贵的。另外，张衡还认为"宇之表无极，宙之端无穷"，这则是关于宇宙无限性的精辟论述。

对于日月五星的运动规律，张衡亦试图从理论上加以探讨。他认为日月五星在恒星间运动速度的快或慢，则由它们离天的远或近决定的，两者间的关系是"近天则迟，远天则速"。虽然这种描述还是定性的，而且以此解释五星的运动并不可取，但是，这些理论不仅反映了张衡关于日月五星与地球的距离有远有近的观点，并且对日月运动的研究具有指导的意义。

张衡对于月食的成因也提供了理论的说明："当日之冲，光常不合者，蔽于地也，是谓暗虚"，"月过则食"。这里"当日"是指月望之时，"之"是"至"或"抵达"之意。"冲"则有黄白交点或其附近时，才可能发生月食。张衡以为，在阳光的照射下，地总是拖着一条长长的影子——暗虚，在"当日之冲"时，只要月体与暗虚相遇，本身不发光的月亮就要发生亏虚现象。这一理论的基本点与我们现今的认识是一致的。

对于陨星和彗星，张衡也有很精彩的论述。他以为陨星原是同日月五星一样绕地运行的天体，只是当其运动失去常态时，才自天而降成为陨石的。张衡还提到一类"错乎五纬之间，其见无期，其行无度"的天体，"其见无期"，特别是"其行无度"应是彗星出没运动的重要特征。张衡把它们与恒星相区别，并把它们归于五大行星的范畴内，亦即把彗星归于太阳系内的天体，这一认识也是十分可贵的。

张衡还对太阳、月亮出没于中天时视大小的变化作了认真的讨论和说明。

张衡对恒星亦进行了长期的观测和统计工作。他把星空共划分成444 个星官，计得 2500 颗恒星，这还不包括他从航海者那里得知的在南半球看到的星宿。这一工作不仅大大超过了石申、甘德的同类工作，而且亦非他的同代人甚至后世人可比拟。可惜,张衡的这一工作大都失传。通过观测,张衡得到太阳和月亮的视直径值均为半度的结果,这相当于360°制的29′6″与现代所测的太阳、月亮视直径值(分为32′0″和31′1″)已比较接近。

张衡还曾致力于当时历法问题的研究。他曾积极参与有关历法问题的争论。他"参案议注,考往较今,以为九道法最密",极力主张用月行九道法(由月亮运动不均匀性的认识推导出来的月亮实际行度的计算方法)改进当时的四分历,以更准确地推算朔日的时刻。虽然,张衡的建议未被采纳,但这是试图用定朔法替代平朔法的一次早期努力,在历法史上占有不可忽视的地位。

在张衡那个时期,较大的地震屡屡发生,于是对地震的研究成了他十分关注的课题。基于对地震及其方向性的认识,特别是从当时建筑中

地动仪

地动仪是东汉科学家张衡创造的传世杰作,可测出发生地震的方向。

有一种所谓都柱(即宫室中间设柱)的启示,张衡于公元132年首创了世界上第一架地震仪——地动仪。"地动仪以精铜铸成,圆径八尺,合盖隆起,形似酒尊"(《后汉书·张衡传》),里面有精巧的结构,主要是中间的"都柱"(相当于一种倒立型的震摆),周围有"八直"(装置在摆的周围的八组机械装置)。尊外相应地设置八条口含小铜珠的龙,每个龙头下面都有一只蟾蜍张口向上,一旦发生较强的地震,"都柱"因震

动失去平衡而触动"八道"中的一道，使相应的龙口张开，小铜珠即落入蟾蜍口中，观测者便可知道地震发生的时间和方向。据载，地动仪成功地记录了公元138年在甘肃发生的一次强烈地震，证明了张衡所制仪器的准确性和可靠性。

张衡还研究过地理学，曾撰有《地形图》一卷，其中可能附有地形图，此书一直流传到唐代。在数学方面，他对圆周率、球体积的计算法等问题作了研究，所取用的 $\pi = \sqrt{10} = 3.162$，是当时比较好的一个数值。张衡又是当时有名的文学家，有不少歌赋之作流传于世，其中以《二京赋》尤为著名；他还是一个画家，曾被人列为东汉六大名画家之一。

张衡是当时一位全面发展的科学家，他在天文历法、仪器制造、地理、数学、文学和绘画等领域均有很高的造诣，是我国历史上非常罕见的人物。一方面，是那个时代造就了这样一位科学巨人；另一方面，又与他个人的努力和素质分不开。张衡好学不倦，"如川之逝，不舍昼夜"（崔瑗《河间相张平子碑》）。他虚怀若谷，"虽才高于世而无骄尚之情"，他"不耻禄之不伙，而耻知之不博"，即不以追求金钱作为人生的目标，而以探索真知作为人生的最大乐趣。他"约己博艺，无坚不钻"，即抱定向博大精深的知识领域不断开拓进取的决心，有一种坚韧不拔的攻坚精神。张衡曾自称"捷径邪至，我不忍心投步"，这使他在探索新知的过程中，不存侥幸心理，不走邪门歪道，而是脚踏实地地工作。对于当时盛行的反科学的神学，张衡持反对态度，主张"收藏图谶，一禁绝之"。所有这些都是张衡能够攀上那个时代的科学高峰的内在因素。但是，张衡也不可避免地带有时代的局限性，他曾涉足于"卦侯、九宫、凤角"（以上均见《后汉书·张衡列传》）之术，被后人称为"阴阳之宗"（《后汉书·方术列传》）。他的宇宙生成与演化的思想也带有不少客观唯心主义性质，这也给后人带来不好的影响。

三

数学体系
的形成

（一）《九章算术》的出现

在春秋战国数学发展的基础上，秦汉时期出现了我国古代最早的一批数学专著，见于《汉书·艺文志》著录的《杜忠算术》（16 卷）、《许商算术》（26 卷）两部数学书，早已失传，现在有传本的《九章算术》九卷在《汉书·艺文志》中则没有著录。班固的《汉书·艺文志》是依据刘歆的《七略》写成的，可知《九章算术》的编成在刘歆《七略》之后，在公元 50 年前后（汉光武帝时）郑众解释《周礼》"九数"时，"句股"还没有被安排到"九数"内去，说明包含句股章的《九章算术》的编成不会在公元 50 年前。另，《后汉书·马援传》说，他的侄孙马续"十六治诗，博观群籍，善《九章算术》"。马续是马严之子，马融（公元 79—166）之兄，他的生年约在公元 70 年前后，他研究《九章算术》

大概是在公元 90 年前后。因此,《九章算术》的写成大约是在公元 50—100 年之间（近人孙文青以为马续就是《九章算术》的编纂者,证据虽不够充分,但这是可能的）。《九章算术》是我国现有传本的古算书中最古老的数学著作。《九章算术》对后世历代数学的发展影响很大,它的出现标志着我国古代以算筹为工具,具有自己独特风格的数学体系的形成。

经过春秋战国到西汉中期数百年间政治、经济和文化的发展,《九章算术》比较系统地总结和概括了这段时期人们在社会实践中积累的数学成果。这一时期的社会变革和生产发展,给数学提出了不少急需解决的测量和计算的问题:实行按田亩多寡"履亩而税"的政策,就需要测量和计算各种形状的土地面积;合理地摊派税收,就需要进行各种比例分配和摊派的计算;大规模的水利工程、土木工程,需要计算各种形状的体积以及如何合理地使用人力、物力;商业、贸易的发展,需要解决各种按比例核算等问题;愈加准确的天文历法工作,就愈是需要提高计算的精确程度等。《九章算术》正是由各类问题中,选出 246 个例题,按解题的方法和应用的范围分为九大类,每一大类作为一章,纂集而成的。它所提供的数学解法,当然为生产和科学技术的进一步发展,以及为封建政府计算赋税、摊派徭役等,提供了方便。三国时代的刘徽曾为《九章算术》作过注,他在原序言中说:"周公制礼而有九数,九数之流则《九章》是矣。"他认为《九章》是由周公制礼的"九数"演进而来的,接下去又说,入汉以后张苍和耿寿昌（二人均以善算著称）等"因旧文之遗残,各称删补,故校其目与古或异,而所论者多近语也"。说"周公制礼而有九数"可能扯得太远,说《九章》是由张苍等人在"旧文"基础上增删而成,可能是真实情况。《九章》的章目都产生过变化,书中文字也和汉代的相近。也就是说《九章算术》一书,是经过长时期由许多人删订增补才最后成书的,它是中国先秦至汉初许多学者共同工作的结晶。经过数学史工作者的努力，大多数人认为《九章算术》大约是在公元 1 世纪时成书，形成了现传本的样子。

（二）《九章算术》内容介绍

《九章算术》内文
《九章算术》是《算经十书》中最重要的一部。

该书的体例，有时是举出一个或几个问题之后，叙述解决这类问题的解法；有时则是首先叙述一种解法之后，再举出一些例题。不论哪一种，都是符合人们认识事物的理论联系实际和由个别到一般或由一般到个别的认识规律的。它的内容可分章简介如下。

第一章方田（共 38 个例题）。是讲关于田亩面积的计算方法。包括有正方形、矩形、三角形、梯形、圆形、环形、弓形、截球形体表面积的计算（后两者的公式为近似公式）方法。在这一章中，还有关于分数的系统叙述，并给出约分、通分、四则运算、求最大公约数等运算法则。

第二章粟米（共46个例题）。讲的是比例问题，特别是按比例互相交换谷物的问题。因在"粟米"问题里使用比例算法比较广泛，而且最早，故取作章名。

第三章衰（音崔，差）分（共20个例题）。"衰"是按比率，"分"是分配，是各种按比例分配的问题。衰分是讲依等级分配物资或按等级摊派税收的比例分配问题。

第四章少广（共24个例题）。由已知面积和体积，反求一边之长，讲的是开平方和开立方的方法。值得指出的是，用算筹列出几层来进行开平方和开立方的计算，相当于列出一个二次或三次的数字方程，把筹算的位置制发展到新的阶段，即用上下不同的各层表示一个方程的各次项的系数。在此基础上，后来逐渐发展成为具有世界意义的数字高次方程的解法。

第五章商功（共28个例题）。"商"是估算，"功"是工程量，是有关各种工程（城、垣、沟、堑、渠、仓、窖、窑等），即关于各种体积的计算。还有按季节不同、劳力情况不同、土质不同来计算巨大的工程所需土方和人工安排的问题等。

第六章均输（共28个例题）。是计算如何按人口多少（按正比例）、物价高低、路途远近（按反比例）等条件，合理摊派税收和派出民工等问题，还包括复比例、连比例等比较复杂的比例配分问题。

第七章盈不足（共20个例题）。其中大多数是对如下一类题目的求解方法："今有共买物，人出八盈三，人出七不足四，问人数、物价各几何？"即假设人出八则多三，人出七则不足四，这就是"盈不足"问题。因为这类问题一般都有两次假设，所以在其他国家的一些中世纪数学著作中称之为"双设法"，这种方法可用来解决各种问题。

第八章方程（共18个例题）。"方"是列算筹呈方形，"程"是计算多少。"方程"是指把算筹摆成方形来求解一次方程组，其中"方程"的含意和现代方程含意不同。这里的"方程"都是一次联立方程问题（包括有二至六个未知数），解法和现在一般中学代数学课本中的"加减消元法"基本相同。当时，是用算筹摆出方程的各系数。一个方程摆一个竖行，方程组中有几个方程就摆出几行，这也可说是筹算位置制的又一新发展。特别值得指出的是，本章还引入了负数（用红算筹表示正数，黑表示负数；或者以正摆的算筹表示正数，斜摆的表示负数），并且给出了正负数的加减运算法则。

第九章勾股（共 24 个例题）。"勾股"，前称"句股"，讲的是利用"勾股定理"（直角三角形中，夹直角二边的平方和等于斜边平方）进行测量计算"高、深、广、远"的问题。它表明当时测量数学的发达以及测绘地图的水平已达到相当的程度。

（三）《九章算术》在数学方面的成就

1. 算术方面

主要有系统的分数运算、各种比例问题、"盈不足"问题等。

《九章算术》是世界上最早对分数运算详加叙述的著作（"方田"章），它讲述了约分、通分、比较两个分数的大小、分数的加减乘除四则运算等。在求分母、分子的最大公约数时，用了辗转相除（实际是辗转相减）。而巴比伦、古埃及、古希腊的分数，多是限定分子为 1 的单分数，印度关于分数的论述最早是在公元 7 世纪方才出现。至于欧洲就更晚了。《九章算术》中的比例问题（"粟米""衰分""均输"等章）很是多见，计算赋税和徭役的按比例摊派、按等级分物等，都是和社会实际需要密切相关的，应用十分广泛。在一个比例式中，已知三数即可算出第四数，这在欧洲被称为"三率法"。"三率法"在欧洲的出现是比较晚的。"盈不足"算法需要进行两次假说，在中世纪阿拉伯国家的数学著作中，这种算法常被称为"契丹算法"，说明是由中国传入的。在欧洲早期的著作中，也有人沿用"契丹算法"这一名称。

2. 代数方面

主要有联立一次方程组解法、负数概念的引入和正负数加减法法则、开平方、开立方、一般二次方程解法等。关于一次方程组解法，都集中在第八章"方程"之中，这一章共有 18 个问题，其中：二元一次方程组，8 问；三元一次方程组，6 问，四元一次方程组，2 问；五元一次方程组，1 问；不定方程（6 个未知数，可列五个方程），1 问。利用一套完整的消元程序，即可准确无误地得出正确的解答。印度一次方程组解法是在 12 世纪初方才出现；而在欧洲则迟至 16 世纪。

《九章算术》"方程"章，还在人类文明史上第一次引入了负数的概念，并利用正、负数的概念进行计算（只限于加、减）。在这里，是把卖出的数目视为正，把买入的视为负；凡是加入的数目都视为正数，视减掉的为负数。负数概念，在印度，是在 7 世纪的算术中出现的；而在欧洲，一直到 16~17 世纪方才对负数有比较正确的认识。值得指出的是，在中国古代，负数概念还被应用于天文历法的计算（也只限于加减法，正负数的乘除法运算法则，最早出现在元代朱世杰所著《算学启蒙》之中）。

开方和开立方的方法，本应属算术范围，但《九章算术》所载中国古代的开方法却具有代数的意义。$\sqrt{a}$ 和 $\sqrt[3]{a}$ 实际上也相当于求解 $x^2=a$，或是 $x^3=a$。在利用算筹开方时，常在最下一层摆一根算筹，相当于摆出未知数的平方 x^2，或立方 x^3。整个开方、开立方的过程实际上就是进行代数变换的过程。因此在中国古代，一般二次方程解法被称为"带从开方"，而三次方程解法则被称为"带从开立方"。直到宋元时期发展到可以求解任意高次的方程——"增乘开方"，仍是离不开"开方"。

（四）《九章算术》的意义及影响

　　《九章算术》的内容包括现代小学算术的大部分和中学数学的一部分内容，即包括初等数学中算术、代数以及几何的相当大部分的内容，有着辉煌的成就，而且它形成了有自己特点的完整体系。这些特点就是：它重视理论，但不是那种严重脱离实际的理论，而在实际的计算方面具有很高的水平，有着一整套在当时世界上堪称是十分先进的算筹算法，用算筹的不同位置和不同摆法，不仅可以表示任意大的数目，而且可以表示一个方程的各次项系数或是表示一个方程组中各方程的系数，进一步又可以表示正数和负数；在数学命题的叙述方法上，也是从实际问题出发，而不是从抽象的定义和公理出发。这些特点，使得中国数学在许多重要方面，特别是在解决实际的计算问题方面，远远胜过古希腊的数学体系，但是《九章算术》却缺乏像古希腊《几何原本》那样严密逻辑的几何学和数学思想。对现代数学来讲，精密的计算和严密的证明理论同样都是不可缺少的。《九章算术》作为中国古代数学体系形成的代表作，所显示的在十进制解决实际问题以及在计算技术等方面的显著优点，正都是古希腊数学的欠缺之处。后来，正是中国古代数学的这些内容经过印度和中世纪伊斯兰国家辗转传入欧洲，对文艺复兴前后世界数学的发展，做出了应有的贡献。

　　《九章算术》对中国后世也产生了巨大的影响，它一直是人们学习数学的重要教科书。16 世纪以前的中国数学著作，从成书方式来看，大都沿袭《九章算术》的体例，从实际问题出发，提供数学解决方法的传统承继不断。后世许多著名的数学家都曾对《九章算术》进行注释工作，并在这些注释工作中不断引入新的数学概念和方法，从而推动了中国古代数学不断前进。

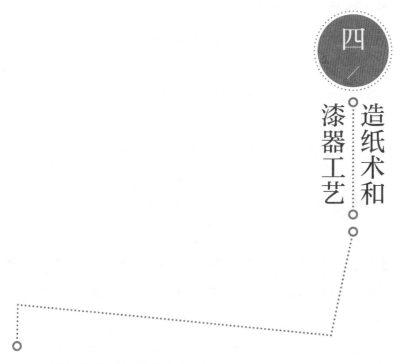

四、造纸术和漆器工艺

（一）造纸术的发明和蔡伦的革新

造纸是我国古代的一项伟大发明，它的出现对人类文明进程有着难以估量的意义。

文字出现以后，就出现了在什么材料上进行书写的问题。在纸张发明以前，我国古代曾用过许多书写材料。四五千年前曾在石壁、陶器上刻画文字符号；三四千年前在龟甲和兽骨上刻写文字；接着又在青铜器上刻铸铭文。后人称在陶器上的文字符号为"陶文"，把刻在龟甲、兽骨上的文字叫"甲骨文"，青铜器上的铭文叫"金文"。

从春秋战国时起，随着文化事业的发展，书写材料发生了重大的变革，开始流行在竹、木片上书写。用来写字的竹片称作"简"，把许多简编在一起叫作"策"，编简成策所用的绳带称为"编"，把丝绳的叫

"丝编"，用皮带的叫"韦编"。用来书写的木片叫"版牍"，一尺见方的版牍叫"方"，常用于通信。后人把信称为"尺牍"，把文稿称为"文牍"，就是版牍字义的引申。古人一般把短文写在版牍上，把长文写在简策上。简从5寸到3尺不等，一般是长2尺4寸。每简大都只写一行字，字数通常是22到25个，最少的仅有2字。汉代的简也有写二三行，甚至五六行的。版牍的行数则一般为四五行。编连的简策不用时可以卷成一束，这就是后来的书籍以"编"计数的来源。

与简版同时流行的还有帛书，即在缣帛上书写、作画，如同今天在素绢上写字作画一般。缣帛尺幅的大小可按书写的需要剪裁，一般是每幅为一段，卷成一束，叫作一"卷"。"卷"后来也就被延用，作为书籍的一般计数单位。用缣帛写书非常考究，东汉时有个叫襄楷的人，得到一部《太平清领书》，共计170卷，书上用红色画直格，在格中写字。后来纸本书的"朱丝栏""乌丝栏"就是由此演化而来。

简版和缣帛作为书写材料，比起甲骨、铜器等来是一个重大的变革。它们的使用在我国文明发展史上曾经起过很大的作用，汉以前的重要典籍就是靠简牍和帛书才得以流传下来的。但是缣帛和简牍都有其自身无法克服的弱点。缣帛是用蚕丝织成，产量有限，价格昂贵，一般的读书人用不起，要广泛地作为传播文化的材料更是不可能的。读书人著书立说或抄录典籍时通常都用竹简。竹简资源丰富，又很便宜，但竹简每简仅写20多字，要写一部书，或抄一部书往往要用数百甚至数千根竹简，编成简策后体积很大，又很笨重。战国时诸子外出游说、讲学，随身所带的书籍往往要用车运载。墨子南游到卫国去，车厢里就载有许多的书。据说惠施出外游学，随身载有五车的书，后来便衍生出"学富五车"的成语，用来形容人的知识渊博。《汉书·刑法志》载，秦始皇勤于政务，每天要批阅公文一石（秦制一石120斤，约合今50余斤）。

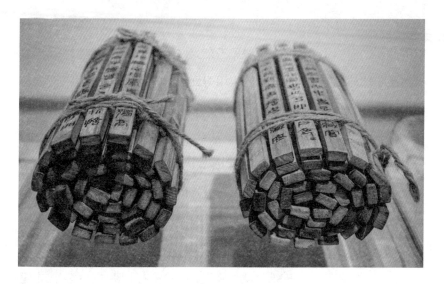

汉武帝时，有一个叫东方朔的人，写了一篇奏文，用了 3000 枚木牍，串成一册，当读时得令两个人举起奏文来，花了两个月才读完。简牍之笨重和不便，由此可见一斑。同时，简编的绳带很容易弄断，《史记·孔子世家》中说，孔子晚年很爱读《易经》，经常翻读，简编的皮带曾断了三次。简编的绳带一断，经常要造成错简、乱简，整理起来相当费事。所以，竹简也不是理想的书写材料。于是寻求廉价、方便易得的新型书写材料，逐渐成了迫切的社会要求。经过长期的实践和探索，人们终于发明了用麻绳头、破布、旧渔网等废旧麻料制成植物纤维纸的方法，引起了书写材料的一场革命，使之成为交流思想、传播文化、沟通情况、发展生产和科学技术的强有力的工具。

"纸"字以丝为偏旁，似乎是用丝做原料而制成的。在东汉以来的许多典籍中，在解说"纸"字时，也都说纸最初是用丝絮制成的。但是，自 20 世纪 30 年代以来，特别是 30 多年来考古发掘中出土的西汉

四、造纸术和漆器工艺

古纸，经化验都不包含有丝的成分。现代模拟实验也说明丝不能作为造纸的原料。最早关于纸字的解说见于东汉许慎的《说文解字》中，许慎的生活年代与蔡伦同时，是纸的应用得到推广的年代，因而他的记载是有所根据的，也与造纸术的发明并不矛盾。许慎在《说文解字》中解说"纸"字时说："纸，絮一苫也，从京，氏声。"清段玉裁在《说文解字》注中说："造纸昉于漂絮，其初丝絮为之，以箔荐而成之。"东汉服虔《通俗文》也说："方絮曰纸。"也就是说，造纸发端于漂絮。在我国古代蚕丝生产中，优质的蚕茧用来抽丝，以纺织丝绸；而质次的蚕茧则用来制丝绵。制丝绵时先要把蚕茧煮烂，脱除蚕丝上的胶质，用手工把茧剥开，放在浸于水中的篾席或竹筐上，反复捶打，使成丝绵，这个过程叫作漂絮。在漂絮过程中，会在篾席或竹筐上残存一层丝絮，干后剥下成一薄丝片，可用于书写。最早的"纸"字可能就是由此而造出来的，而且汉时用来写字的缣帛也曾被称作"纸"。所以"纸"字开始时是同用丝分不开的。问题不在于"纸"的原意，而是它的含义后来起了变化，被用来作为现今的纸之称谓。

人们从漂絮的过程中也得到启示：既然漂絮能得到薄层状丝片，那么植物纤维经过同样的操作过程，是否也会有同样的效果。由此，人们终于发明了造纸的工艺技术，理想的书写材料——纸——也就因而问世了。

纸是何时问世的，现在已很难确知了。根据考古出土的文献，我们可以知道纸发明于西汉时期。1933 年，在新疆罗布淖尔汉代烽燧亭故址中出土了一片麻纸，同时出土的木简有汉宣帝黄龙元年（公元前 49）的年号。1957 年，在西安市东郊的灞桥出土了公元前 2 世纪的古纸，纸呈泛黄色，已裂成碎片，最大的长宽约 10 厘米，最小的也有 3 厘米 ×4 厘米。经鉴定，它是以大麻和少量苎麻的纤维为原料的，其制作技术比较原始，质地粗糙，还不便于书写。1977 年，考古工作者在甘肃居延肩水金关西汉烽塞遗址的发掘中，也发现了麻纸二块。其中之一，出土时团成一团，经修复展开，长宽为 12 厘米 ×19 厘米，色泽白净，薄而匀，一面平整，一面稍起毛，质地细密坚韧，含微量细麻线头，显微观察和化学鉴定都表明，它只含大麻纤维，同一处出土的竹简最晚年代是汉宣帝甘露二年（前52）。这些情况表明至迟于公元前 1 世纪中叶，在遥远的边塞已有了质量较高的纸，这种纸在内地的出现应更早一些，即它是在灞桥纸后约数十年内出现的。从这些事实说明造纸术自发明以后，其

陕西扶风
扶风县位于陕西省中西部，地处关中平原西部，西周文化发祥地，素有"周礼之乡""青铜器之乡"和
"佛骨圣地"的美誉。

技术的进步是很快的。1978 年，在陕西扶风又发掘得西汉宣帝时期的纸。1901 年，先后在新疆和甘肃敦煌发现两张东汉纸；1942 年，在内蒙古额济纳河旁的东汉烽燧遗址中，考古工作者又掘得东汉时期约公元 2 世纪初年的纸张，即所谓额济纳纸，上有六七行残字，这可说是现存

最早的字纸实物；1959年，在新疆民丰县也发现了一张东汉纸；1974年，在甘肃武威县一座东汉墓中，更发掘了一批东汉纸。这些纸比起西汉纸有着明显的进步，十数张纸的上面都有书写的字迹，有的是书信、诗抄，也有的是日常文书，可见这时的纸已经比较普遍地被人们用作书写的材料了。东汉时期，不仅中原地区使用纸，而且传播到了新疆、甘肃、内蒙古等地区。另外，也不仅限于上层统治者使用，而是连民间也比较广泛地使用起来了。可以说，东汉时期是造纸技术已经比较成熟的时期了。

从出土的实物中我们可以知道，早期的纸都是以大麻为原料制成的。其制造工艺大致为："沤麻"，即把麻浸泡水中，使它脱胶；接着把麻加工成麻缕；然后把麻缕捣烂，又称"打浆"，使麻纤维分散开；最后进行"捞纸"，也就是使麻纤维均匀地散布在浸入水中的篾席上，再捞出干燥，就成纸张。这个工艺过程与漂絮法极其相似，表明造纸工艺正是脱胎于漂絮法。当然，早期的纸还是很粗糙的，麻纤维捣得不够烂，纤维在成纸时也分布得很不均匀，因此还不便于书写，大都只是用来包装物品。但这毕竟是世界上最早的纸张，正是由于它的出现，才引起了书写材料的革命。在这场书写材料的革命中，蔡伦以其重大的贡献而留名青史。

蔡伦，字敬仲，桂阳（郡治今湖

蔡伦雕像
蔡伦的造纸术对人类文化的传播和世界文明的进步做出了杰出贡献，千百年来备受人们的尊崇。

南郴州市）人，生年不详，卒于公元121年。他在汉明帝永平末年（约75年或稍前）入皇宫做太监，章帝建初年间（76—84），任小黄门（宦官中职务比较低的）。汉和帝即位（89）后，蔡伦升任侍从皇帝的宦官中常侍，参与朝廷的政务。后来（约97年或稍前），蔡伦被任命为尚方令，负责监制御用器物。他总结了西汉以来造纸的经验，进行了大胆的试验和革新。在原料上，除采用破布、旧渔网等废旧麻料外，同时还采用了树皮，从而开拓了一个崭新的原料领域，既增加了原料来源，又降低了纸的成本。用树皮做原料，开创了近代木浆纸的先声，为造纸业的发展开辟了广阔的途径。在技术工艺上，也较以前完备和精细，除淘洗、碎切、泡沤原料之外，还可能已经开始用石灰进行碱液烹煮。这是一项重要的工艺革新。它既加速了纤维的离解速度，又使植物纤维分解得更细更散，大大提高了生产效率和纸张的质量，为纸的推广和普及开

蔡伦造纸工艺

首先，把树皮、麻头等废物用水浸泡，泡透后上火煮，煮烂后再捣碎成糨糊状，这就是纸浆；然后把纸浆倒在细帘子上，铺平，漏去水分，晾干；干了以后，留在帘子上的一层薄薄的纤维片就成了纸张。

辟了广阔的道路。公元 105 年，蔡伦把他用树皮、麻头和破布、旧渔网制成的纸，献给了汉和帝，很受欢迎。因此他在公元 114 年被封为龙亭侯，故他主持制造的纸被称为"蔡侯纸"。

蔡伦造纸是现存史籍中关于造纸的最早记载。《后汉书·蔡伦传》载："自古书契多编以竹简，其用缣帛者谓之为纸。缣贵而简重，并不便于人。伦乃造意，用树肤、麻头及敝布、渔网以为纸。元兴六年（105）奏上之，帝善其能，自是莫不从用焉，故天下咸称'蔡侯纸'。"后世便以这段记载为根据，把蔡伦视为造纸的鼻祖，流传了 1000 多年。尽管西汉麻纸接二连三地被发现，表明蔡伦并不是纸的最早发明者。但他首先用树皮、麻头、废旧的麻布（当时的布是麻布，不是棉布）和渔网等做原料，造出了适用于书写的优质纸张。因此，尽管纸不是蔡伦所发明的，但他作为一位造纸术的杰出改革家，所立下的伟大功勋仍是巨大的，值得人们赞颂和怀念。

造纸术的发明和发展，可以大大推动文化知识的迅速传播和提高，是我国古代劳动人民对世界文明的巨大贡献之一。

（二）漆器的发展与兴盛

漆器在我国有着十分悠久的历史和卓越的成就。用漆装饰或制造器物是我国古代的一项创造性发明。漆器如同瓷器一样，把实用性与艺术性有机地结合在一起，既是实用器具，又是可使人赏心悦目的工艺美术品。

漆俗称大漆，是原产我国的漆科木本植物漆树的一种分泌物，其主要成分是漆醇。《说文解字》中说，漆是木汁可以漆物。从漆树中分泌出来的漆液含有漆酚，在日光作用下会变成黑色发光的漆膜，人们可能就是观察到漆树的自然分泌液形成黑色漆膜的现象，受到启示，而有意识地利用漆液来装饰器物的。后来，人们又发现漆膜美观精致，经久耐用，能对器物起保护作用而开始制造漆器的。

　　根据出土文物和古文献记载可以知道，我国用漆的历史至少已经有六七千年之久了。而到了春秋战国时期，漆器日渐兴盛，这时期出土的大量漆器，表明了当时漆器技术已达到了相当高的水平。秦汉时期漆器工艺又有了进一步的发展。这时期的漆器制造业几乎遍及于全国各地，设有官营漆器手工业的就有十个郡县，其中以蜀郡（今四川成都一带）和广汉郡（今四川广汉一带）的金银饰漆器最为著名。"蜀、广汉主金银器，岁各用五百万。"（《汉书·贡禹传》）河南郡怀县（今河南武涉西南）、蜀郡、广汉郡的官营漆器工场每年耗资达 5000 万钱，可见其规模之大。除官营外，民间漆工经营也相当发达，"陈、夏千亩漆"，其富"与千户侯等"，更有"木器髤者千枚""漆千斗"的"通都大邑"（《史记·货殖列传》），足见当时漆器业的发达。出土的两汉漆器种类繁多、质量优良，其中长沙马王堆汉墓出土的大批汉初精美的漆器，则是漆器工艺提高的明证。从出土的汉代漆器铭文中，可以看到当时的官营工场内部的分工和管理情况。当时油漆技术的工序有：素工（作内胎）、髤工和上工（上油漆）、黄涂工（在铜制附饰上鎏金）、画工（描绘油彩纹饰）、汨工（刻写铭文）、清工（最后修整）等。开始于素工，完成于清工，井然有序。此外，还有供工（负责供料）、造工（管全面的工师）以及护工卒史、长、丞、掾、令史、佐、啬夫等监造工官，组织十分严密。各工种的工人各尽所长，分工合作，使漆器工艺日臻完善，盛极一时。《盐铁论·散不足》说，在漆器的制造中，"一杯棬用百人之力，一屏风就万人之功"，形象地说明了当时官营漆器工场内生产和管理的精细和复杂程度。

　　除了承继和发展前代的各种漆器外，饰以金银铜箍的漆器——"扣器"，在秦汉时期也有较大的发展。扣器华贵艳丽，是一种高级的工艺品，被作为皇帝的赏赐之物和富家大户的奢侈品。《汉书·贡禹传》说："见赐杯案，尽文画金银饰"，《盐铁论·散不足》说："富者银口黄耳，金罍玉钟；中者舒玉纻器，金错蜀杯"，又说："夫一文（纹）杯得铜杯十"，就是说一件纹饰漆器等于十件铜杯，而金银扣器自然要比这还要贵重。

这时期，由于人们已经认识到器物上漆之后，不能日晒或风干，否则会干裂或起皱；同时，日晒或风干又易落入杂物灰尘，污染器物，因而采用阴干的方法，漆中的漆醇在阴湿的环境下容易聚合成膜，干后不易产生裂纹或皱褶。为此，人们特意建造了阴室（又写作荫室），创造阴湿无尘的环境，以供漆器阴干之用。《史记·滑稽列传》记载有这样一个故事：秦二世胡亥登基之后，想要用漆来漆绘城郭。由于胡亥暴虐、专横，没有人敢于谏止。当时一个聪慧的侏儒叫优旃的，对胡亥说："好。主上如果不提出这件事情，臣也一定会向主上提议的。漆城虽然会使老百姓感到发愁和增加经济负担，但这是一件大好事。漆城光滑无比，敌人来了无法上城。马上就兴工的话，涂漆是很容易的，但是要建造荫室却非常难了。"于是，胡亥一笑了之，停止了这次劳民伤财的工程。由此可见，阴室在当时已成为漆器制造的重用设施。这种阴干方法后来一直沿用。

秦汉以后，由于瓷器的发展，漆器日用品如杯、壶、盘等渐为瓷器所代替，漆器作为生活用品减少了，但是作为工艺品，仍深受人们的喜爱，传统工艺一直沿袭，并不断有所创新，并先后传到日本、朝鲜、东南亚，以及中亚、西亚各国，并传到了欧洲，受到了世界各国人民的欢迎。漆器及其制造工艺技术，是我国历史上对世界文明的一项重大贡献。

五

地理学

（一）《汉书·地理志》的编纂

　　《汉书·地理志》是我国
第一部用"地理"命名的地
学著作。在这之前，"地理"
一词的含义是指地表的形态
而言，并且"地理"与"天
文"两者常被放在一定的关
系上相提并论。如《周易·系
辞》说："仰以观于天文，俯
以察于地理"，《淮南子·泰
族训》写道："俯视地理，以

《汉书·地理志》

《汉书·地理志》中对地理的理解典型地反映了中国古代
科学重实用、重功利，而轻视学理上的探讨的特点。

五、地理学

051

制度量，察陵陆、水泽、肥墝、高下之宜，立事生财，以除饥寒之患。"这里不但指出了地理是研究大地的陵陆、水泽等情况，而且进一步说明了研究地理的目的是根据不同的地形条件，因地制宜地从事生产，以解决穿衣吃饭问题。《山经》和《禹贡》等著作描述了一定地区的山川、物产等的分布情况，它们虽不以"地理"命名，但却是我国最古老的地理著作。自《汉书·地理志》出现之后和在它所产生的影响下，我国地理学的发展又进入了一个新的阶段。

班固（公元32—92）所著《汉书·地理志》由三部分组成，卷首收录我国古代地理名著《禹贡》和《职分》二篇，这是对前代沿革的简单交代；卷末有刘向的《域分》和朱赣的《风俗》，作为附录；中间是主体部分，是班固的创作，这部分以记述疆域政区的建制为主，为地理学著作开创了一种新的体制，即疆域地理志。作者根据汉平帝元始二年（公元2）的建制，以疆域政区为纲，依次叙述了103个郡国及所辖的1587个县、道、邑、侯国的建置沿革。在郡国项下，都记有户口数字，把这些数字加起来，就能得出汉平帝二年的全国人口数为59594978人，这个数字虽不能说十分准确，但它却是当时全国各郡县户口数汇总而成的，具有一定的参考价值。同时，《汉书·地理志》也是最早地提供全国人口数字的一部史书。在县、道、邑、侯国的项下，则根据地区特点，分别选择有关山川河流、矿藏、物产、经济发展和民情风俗等，各郡写法体例一致，便于对比、查找，为今天研究历史地理，提供了宝贵的史料。全书还记录了周秦以来许多宝贵的地理资料，如在上郡高奴县下记"有洧水，可……（燃）"，这是最早的关于石油资源的记载；在西河郡鸿门县下记"有天封火井祠，火从地出也"，这里所记的火井，就是天然气。据统计，它载有盐官共36处，铁官共48处，反映了当时盐、铁产地的分布情况；书中记水道和陂、泽、湖、池等，合计 300 多处，记在发源地所在的县下说明它的发源和流向，较大的河流还记所纳支流和经行里数，这为了解古今水道的改变情况，提供了可靠的依据。

在《汉书·地理志》的影响下，后世以论述疆域政区建制沿革为主的著作不断涌现，例如在 20 部"正史"中，有地理志的共 16 部，它们都是以《汉书·地理志》为典范写成的。自唐代以后编修的历代地理总志，如《元和郡县志》《元丰九域志》和元、明、清的《一统志》等，都与《汉书·地理志》同为疆域地理志性质的著作。宋代以来，大量增加的地方志如各府志、州志和县志等，也无不受到《汉书·地理志》的影响。

《汉书·地理志》的写作，是在中央集权大一统的形势下出现的，并为统治者所欢迎和需要。从科学史的角度来看，《汉书·地理志》对于我国的地理学发展的影响是相当大的。一方面，它开辟了一门沿革地理研究的领域，这是值得称道的；但是另一方面，在它的影响下，地理学的研究忽视了对于山川本身的地貌形态与发展规律的探索。后来，地理学更多地涉及历史学方面的内容，这也与《汉书·地理志》为地理著作所建立的体制有一定关系。由于历代编修的疆域政区地理志是我国古代地理著述中最基本最重要的一部分，因此具有传统特色。如果这种传统可以称之为体系的话，那么古代地理学体系的形成是从《汉书·地理志》开始的。

（二）秦汉舆地图及测绘技术

秦灭六国后，收集了包括秦本身的七国图籍，集中贮存于关中咸阳，作为行政管理和军事用兵的依据。之后，为了加强全国的统治、发展驿道交通等需要，秦中央政府又把地图作为工具，曾收集大量图籍，不仅备有"天下"各处之地图，还有全国综合性的一统之图，作为全国军政用兵的准则和依据。秦末，刘邦进兵关中，入咸阳后，大臣萧何首先收集了秦王朝图籍，藏于石渠阁，成为刘邦治理天下的参考。

《汉书·高帝纪》载：高祖元年（前206），"沛公至霸上……遂西入咸阳，欲止宫休舍，樊哙、张良谏，乃封秦重宝财物府库，还军霸上，萧何尽收秦丞相府图籍文书"。《汉书·萧何传》又载："及高祖起为沛公，何尝为丞督事。沛公至咸阳，诸将皆争走金帛财物之府分之，何独先入，收秦丞相御史律令图书藏之。沛公具知天下厄塞、户口多少、强弱处、民所疾苦者，以何得秦图书也。"《三辅黄图》卷六载："石渠阁，萧何造，其下砻石为渠以导水，若今御沟，因为阁名。所藏入关所得秦之图籍。"萧何入咸阳后，他不去搜房金银财帛，而是先收取秦王朝政府律令图书、天下图籍，并在京城修建了"石渠阁"，善藏秘书要图，始创了"中国古代第一图库"。由于汉收藏了秦图籍，掌握了全国山川险要，天下厄塞，以及物产的分布、经济的虚实、郡县户籍的数字、当时的社会情况等，因而在楚汉之争中，萧何以丞相的身份，留守于关中，负责输送士卒、粮饷，对刘邦战胜项羽，建立汉王朝起了重要作用。而且由于汉高祖刘邦通过萧何全盘获得了秦王朝行政管理所用的图籍，使汉立国后，行政区划、行政管理体制上基本上沿袭了秦代的郡统县制度。萧何所收集的秦地

石渠阁

石渠阁是由汉初丞相萧何主持建造，为了收藏刘邦军进咸阳后萧何收集的秦朝图籍档案而修建的。

萧何

萧何是西汉初期重要政治家、丞相，汉初三杰（张良、萧何、韩信）之一。

图，在东汉班固所撰的《汉书·地理志》中还有所引用。

汉立国后，中央政府同秦一样，对地图的绘制、收集和管理等都非常重视。班固的《东都赋》载，"天子授四海之图籍"，说明汉王朝曾建立和实行了由各郡国向中央定期呈送地图的制度。特别是汉武帝时对周边地区的战争，必然会促进地图的绘制；促使当时的汉中央政府，通令地方奏进地图，并汇集起来以备绘制全国总图。这些图籍秘书由帝王委派的御史中丞执掌。

中国古往今来通称地图为舆地图，或简称为舆图。从历史上看，舆地图的称谓开始于汉代。《史记·淮南衡山列传》引虞喜《志林》说："舆地图，汉家所画，非出远古也。"这里的"舆"，是尽载行事之意，即在舆地图上，尽量包罗当时的田赋、户口、行政、车乘等内容。我国史籍中关于汉代舆地图的记载很多。从史籍的记载得知汉代舆地图不仅汉代马援（公元前14—公元19）、晋代裴秀看到过，其他，东晋虞喜的《志林》、北魏郦道元的《水经注》以及唐代徐

《初学记》

《初学记》是唐代徐坚等编撰的古代中国综合性类书。全书共三十卷，分二十三部。《四库全书总目》对此书评价非常高。

坚的《初学记》等都曾提及汉代的舆地图。

关于汉廷应用舆地图和个人绘画地图的事，史书上也有不少有关记载。《汉书·淮南王传》载："日夜与左吴等按舆地图，部署兵所从入。"《汉书·李广传》载："陵于是将其步卒五千人，出居延，北行三十日，至浚稽山止营，举图所过山川地形，使麾下骑陈步乐还以闻。"《后汉书·邓禹传》："光武舍城楼上，按舆地图，指示禹曰：天下郡国如是，今始乃得其一。"《后汉书·皇后纪·明德马皇后》："十五年（明帝永平十五年，公元72），帝按地图，将封皇子，悉半诸国。"《后汉书·李恂传》："后拜侍御史，持节使幽州，宣布恩泽，慰抚北狄，所过皆图写山川、屯田、聚落百余卷。悉封奏上，肃宗嘉之。"说明当时地图广泛应用于军事，还按舆地图评定土地疆界、封建王国。此外，当时的地图测绘技术还有应用于农田水利。如武帝时，水工徐伯就使用了以竖标测定漕渠路线的方法；东汉明帝时，王景治河，疏决壅塞，开凿山阜，进行了地形的测量。东汉末年关于地图应用于军事方面的故事就更多了。

由于秦汉时科学技术有了较大的发展，使得地图测绘技术当时在世界上处于领先地位，测绘工作的基础数学已经开始形成了体系。我国测绘术萌芽于上古的夏禹治水，战国时使用较广泛，秦汉时测绘术已发展成理论完善、技术较为先进的广泛用于地图测绘的一门测绘技术了。开始时理论上主要建立在"勾、股、弦定理"的基础上，后来发展为"重差法"。在技术上，创造和发明了基本的测量仪器和工具，其中测方向的仪器司南和测距离的仪器矩是这一时期主要的测量仪器。随着生产和生活的需要，研究出测定目标物高、远、大小的各种测量方法，这些都记载在《海岛算经》和《周髀算经》中，这是我国劳动人民在长期的测山、测海、开路、治水的测量实践中总结出的世界上最早的应用测量学，在世界数学史和测量史上具有极其重要的意义。

（三）马王堆汉墓出土的地图

1973 年冬至 1974 年春，考古工作者在湖南长沙东郊马王堆发掘了一、二、三号汉墓，其中三号汉墓出土了三幅绘在帛上的地图，它们分别是地形图、驻军图和城邑图，根据与地图同时出土的一件随葬木牍的记载，有"十二年二月乙巳朔戊辰"字样，可以断定地图是汉文帝初元十二年（前 168）以前制作下葬的，迄今已有 2100 多年历史。

地图按一定的比例、方位，详细地彩绘了西汉长沙国南部（今湖南、广东、广西等省区的衔接地带）的山脉、山峰、河流、水源、县城、乡里、道路、里程等，内容之丰富，勘测之精密，绘画之艺术，均显示了当时的高超水平，是我国现存最早的并以实际勘测为基础的彩色地图，并以其古老、精湛而名震中外，堪称中国古典地图观止，被世界历史地理制图界人士誉称为"惊人的发现"。马王堆出土的汉初地图，是目前世界上发现最早的以实测为基础的古典地图。它表明了我国2100 多年前地图科学的蓬勃发展和地图测绘技术的高度水平。

1. 地形图

马王堆汉墓出土的三幅古地图中，第一幅属于地形图，经过修复后的原图尺寸，长宽各 98 厘米，成正方形。原图无图名、图例，亦未标注比例尺、绘制年代或任何说明文字。但地图本身的内容很丰富、详备，包括山脉、河流、聚落和道路等要素，从地图所表示的基本内容来看，它相当于现代的普通地理图或地形图。也就是汉代通常所称的舆地图。制图区域范围大致包括东经 110° ~112° 30′，北纬 23° ~26° 之间，地跨今湖南、广东和广西三省衔接地带，地图的主区为西汉初年长沙国的南部，即今湘江上游潇水和南岭九嶷山一带，这部分绘得比较准确、详细。主区以外的邻区，尤其是南粤部分表示的内容则很粗略，这部

赵佗

赵佗是南越国的创建者。他实行的"和辑百越"政策，促进了汉越民族的融合。

分地区是当时南粤王赵佗的辖地，图的精准程度显然下降，特别是海岸线绘得很不准确，这主要是缺少具有较高水平的测量材料的缘故。整幅地图的比例尺经过对比量测估算，平均的概数为十八万分之一。

图上所绘聚落即居民点共有 80 多个，分为二级：县级和乡里级。其中县级居民地共有 8 个，乡里级居民地，可辨认的有 74 个。县城用方框表示，乡里用圆圈表示，注记写在框里，所用字体近于篆书和隶书之间，这表明地图所使用的符号已作了统一的设计。地图上大部分县城和一些主要乡里居民地之间都有道路联系，图上道路用粗细均匀的实线表示，个别道路用虚线表示，可以判读出来的道路共有 20 多条。这幅地形图上山脉、河流的绘制也别具匠心。据统计，图上所绘的河流大小共 30 多条，其中有 9 条主要河流注记了河流名。图上还标有泠水和深水河源所在。河流的线状符号的表示如同现代地图，从上源至下游，线条由细变粗，例如图上最大的一条河流，河源部分线符粗 0.1 厘米，到营浦以下逐渐加粗到 0.8 厘米。水系绘制生动、合理，同现代地形图上的相应部分的水系相比，可以看出河流的分布、流向和弯曲情形大致相符，主、支流的关系明确，河流与山脉间关系处理得当，弯曲自然，河流交汇点的绘法合理，河流名称的注记在汇入主流的河口处，便利读图。由此可见，此图的绘制技术已相当高明且有条理。南岭地区山岭纵横交错或盘结成簇，该图采用闭合的山形线表示山脉的坐落、山体的轮廓及其延伸方向，在闭合曲线内还附加晕线，使山脉十分醒目。所有山脉在图上皆未注其名称，但在图上九嶷山所在位置标注有"帝舜"和"深水源"五字。九嶷山是传说帝舜死后墓葬地舜陵所在，为当时的名山，因此图上绘画得特别明细，这里的山形曲线绘制成鱼鳞状，以表示其峰峦起伏耸立，又添了九条高低不等的柱状符号，大概是代表九座不同高度的山峰。

综观全图，此图的显著特点是将水系表示得较为详尽而醒目，有的河流名称、河源、流向与现代实测地图基本一致；而该图山形地貌的表示，已不拘泥于通常的形象图画，而且用了闭合曲线来表示山体的范围、谷地、山脉延伸方向，并辅以侧视、俯视相结合的方法表示了九嶷山区耸立的峰丛，这与现代地形图上利用等高线、配合山峰符号的画法是相似的。尤其是在地图绘制技术方面，看来当时已有了初步的"制图原则"，例如，对地图内容的分类分级、化简取舍、地图符号图式的设计以及主区详邻区略等，有些原则至今还在应用。这充分说明 2100 多年前，中国的地图测绘已达到了很高的水平。

2. 驻军图

马王堆汉墓出土的第二幅地图是驻军图，长 98 厘米，宽 78 厘米，是用黑、朱红、田青三色彩绘成的彩色军用地图。其范围仅仅是地形图的东南部地区。比例尺大致是八万分之一至十万分之一左右，图面注记的字头方向不一致，也许为着便于使用地图的人们从四面观看地图。

驻军图的基本内容除山脉、河流、居民点和道路外，突出表示了九支驻军名称、布防位置和防区界线、指挥城堡、军事要塞、烽燧点、防

驻军图

驻军图是国家一级文物,是马王堆汉墓出土的古代地图,现作为文物保存于湖南省博物馆。

火水池等地形要素。该图把有关军事方面的内容,用朱红色突出表现于第一平面,而河流等地理基础用浅色表示于第二平面,这与现代专门地图的多层平面表示法是相类似的。山脉的表示在图上也被化简为用单线(相当于山脊线)表示山脉的走向,而与地形图的山脉表示方法完全两样。这对于减轻非专门内容要素的载负量是有好处的,使地图明显易读。

驻军图上至少有 9 个山头标注了名称,如留山、昭山、蛇山等,专门标注名称,或许是因为它们都是军事上制高点的缘故。图上的河流用淡色调的田青色标绘,大小总计有 20 多条,其中14条河流在其上源注记河名,如大深水、资水、如水等。

居民地和道路在驻军图上作为与军事驻防有密切关系的地图内容要素来表示。全图注有名称的居民地至少有 49 处,大多数用红色圈形符号表示,地名注于圈内,一般旁注居民户数,户数最多的龙里 108 户,最少的资里 12 户。此外,一部分居民地旁注"不反(返)",一部分居民地旁注"今毋(无)人"字样,该是当时因军事驻防需要而进行调查后记载下来的实际情况;还有一些居民地如"胡里"旁注"并路里","诱里"旁注"并波里",看来是为了军事需要,当时实行了"移民并村"的措施。道路在驻军图上也作了突出的表示,用红点线标绘,有的还注明了里程数。

驻军图重点表示的军事内容是九支部队的设营地。它们包括周都尉军两支、徐都尉军四支、司马得军两支、友军桂阳军一支，共九支驻军。在图上用黑、红两色双线勾框、突出表示，框内标出驻军名称。各支驻军营地大多选择布设在河谷地带内的制高点上。地图中央绘有三角形的城堡，内注"箭道"字样，它是驻军图上的中心城堡，是各支军队的总指挥部。从图形上分析，属于城堡一类，它的位置正当大深水河谷几条支流的汇合点上，三面环水，一面傍山，筑有城垣、战楼和瞭望楼等附属建筑。这种三角形城堡，只需在三个顶点分设岗楼即可控制周围形势。朝着前沿的南边城外，增设一瞭望楼，有"复道"与城垣连接。为了进一步加强军事守备的需要，在图上用朱红色线划绘出了警备设防区域的界线，前沿的防区界上标出了留封、昭封、居向封等边塞烽燧点，相当于现代战争的前沿监视哨所。

　　总之，驻军图作为军事要图，主题鲜明，层次清楚，体现了中国古代军事测绘的高度水平。军事专家们认为该地图反映了汉初长沙国守备作战的兵力部署情况，体现了中国古代的传统的复线式部署兵力，重视组织指挥并充分利用地形条件的守备作战思想。从图面上分析这幅图，驻防区域正面约 40 公里，纵深有 50 余公里，分兵两线，并依托山谷扼守通道，第一线前沿地带和第二线三条山谷，各部署三支军队，西线距离约 15~20 公里，三角形指挥部的左后方有两支军队，类似当今军事上的预备队，以上各军队成梯队布列。还有一支左邻部队。在第一线前沿，顺山坡向下前出约 5~10 公里处，标有 8 个前哨点，形成警戒阵地。从图上反映出守备重点地段在左前方，预备部队和友军的加强部队的兵力有重点地配置在这里。同时，左翼居民地较多，地形条件利于驻军的隐蔽，又便于防守。加上这里又南临南粤大川，在此驻军有利于出击，通向敌后。从图上可知指挥机关居中部四水汇合口，通过水路与

前后方的联系均较方便。三角形指挥城堡设有五个箭楼及防守工事和
"复道"。

驻军图不愧为我国现存最早、内容精湛的彩色军事地图，是中国古
典专门地图珍品中之瑰宝。

3. 城邑图

马王堆汉墓出土的第三幅地图是城邑图，开始时曾称为街坊图，这
是一种城的平面图，绘有城垣和房屋等，该图表示的城邑具有相当的规
模。有人认为它是长沙国首邑以外的某个县城，但图上又绘有多座豪华
的宫殿建筑。墓主人是利苍之了，他是长沙国丞相轪侯家族后代，较大
可能图上绘的是长沙国首邑。

这幅古老城邑图的发现，对研究中国早期城邑的形制、规划布局、
城防设施、城垣、城堡、古楼阁建筑艺术等方面都是很有价值的图面
资料。

（四）气象知识

我国古代对气象知识十分重视，这主要是由于农业生产发展的需
要，对降水和风力需要有很好的预测和把握。

降水与农业生产关系密切。秦汉时期，政府就规定要上报作物生产
时期的雨泽。秦代把它作为一项法令，如湖北省云梦县出土的秦墓竹简
中有关农业生产的律文规定"稼已生后而雨，亦辄言雨少多，所利顷
数"[1]。汉代也要求"自立春至立夏尽立秋，郡国上雨泽"（《后汉书·礼
仪志》），即在整个农作物生产期间，各地都要向中央上报降雨情况。这
时既能报雨泽多少，必有计量单位，但是否已经使用了雨量具，还不很

---

[1] 睡虎地秦墓竹简［M］.北京：文物出版社，1978：24.

清楚。云的观测在预报天气中用处很大，《汉书·艺文志》中著录有《泰壹杂子云雨》和《国章观霓云雨》（这些书很可能都有附图）等书，这说明当时人们已很注重通过云来判断未来晴雨。

汉代已用多种风信器观测风向。最简单的一种叫作"俔"，殷墟卜辞中已有"俔"字，它可能是一种在长杆上系以帛条或鸟羽而成的简单示风器。《淮南子·齐俗训》记载："俔之见风，无须臾之间定矣。"就是说"俔"在风的作用下，没有一刻是平静的。《后汉书·张衡传》说，阳嘉元年（132），张衡"造候风地动仪"。"候风"和"地动"应是不同的两种仪器，可惜作者对候风仪未加介绍。《三辅黄图》中有两处提到候风仪，一处记台榭时说："郭缘生《述征记》曰：长安宫南有灵台，高十五仞，上有浑仪，张衡所制，又有相风铜乌，遇风乃动。"另一处记建章宫时说："建章宫南有玉堂……铸铜凤高五尺，饰黄金，栖屋上，下有转枢，向风若翔。"这两种候风仪都是铜制的，一作乌状，一作凤形，都能随风转动，以示风向。汉代的《京房风角》是以"风来处远近"而论风的急缓。至于风向，在战国和汉代著作中常见八方风名。而由八个天干、十二地支和四个卦名组成的二十四个方向在汉代已经出现。

观测湿度的仪器在我国的出现也较早。据《史记·天官书》和《淮南子·天文训》记载，当时是用"悬土炭"的方法，观测冬至或夏至天气的湿度情况。即在衡（类似现在的天平）的两端，一端悬土，一端悬炭（因炭吸湿性强），以测湿度的变化。那时在冬至前两三天把土、炭分别悬在衡的两端，使之平衡。到冬至日，如果炭重，就说明大气的湿度增大了；测夏至日湿度变化的方法也是这样。同时，以阴阳二气的理论进行解释，如《淮南子·天文训》说："阳气为火，阴气为水。水胜，故夏至湿；火胜，故冬至燥。燥故炭轻，湿故炭重。"此后，这种观测炭的轻重变化的器具，就成为"悬炭识雨"的晴雨计了。此外，汉代又能视琴弦的弛张，以测晴雨，如王充在《论衡》中指出："天且雨，琴弦缓。"因为湿度增大时，弦线也会随之伸长。

汉代有关天气现象的理论，以董仲舒和王充的有关论述为代表。董仲舒的《雨雹对》以阴阳二气相互作用的理论阐述各种天气现象如风、云、雨、雾、电、雷、雪、雹的产生，是唯物的。他认为："攒聚相合，其体稍重，故雨乘虚而坠……风多则合速，故雨大而疏；风少则合迟，故雨细而密。"即雨滴是由小云滴受风合并变重下降而成，风大则云滴合并快，使下降的雨滴大而疏，风小则云滴合并慢，使下降的雨滴细而

王充
王充是东汉唯物主义哲学家，后汉三贤（王符、王充、仲长统）之一。他倡导"疾虚妄而归实诚"的批判思想，丰富和发展唯物主义的气一元论，开创了元气自然论。

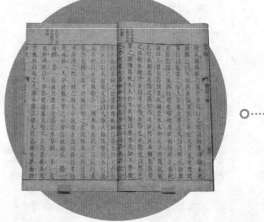

《论衡》内文
《论衡》内容涉及哲学、政治、宗教等许多方面，其目的是"冀悟迷惑之心，使知虚实之分"，是古代一部不朽的唯物主义的哲学文献。

密。这种认识基本上符合现代的暖云降雨理论。王充在《论衡》中也提出了云、雨、雷、电等的形成原因和水分循环理论，他认为雷电是由于"爆炸起电"，他用"一斗水灌冶铸之火"来解释雷声是很有道理的；王充特别对雷电现象有季节性作了科学解释，他把雷电的季节性出现，归结为太阳的热力作用发生变化，认为春季太阳热力作用渐强，所以有发生雷电的可能，夏季太阳热力作用强盛，所以雷电也比较厉害，秋冬太阳热力作用已经衰弱，所以雷电现象也就很难出现了。《论衡》中还有不少天气谚语，如"朝有繁霜，夕有列光"，意即早晨要是有很多的霜，夜间的星必定既多又亮。这些说明当时的劳动人民在生产活动中，已了解到不少有关天气变化规律的现象。

六

农艺学

秦汉时期，全国的政治、经济、文化中心是黄河流域。这个时期，农业生产虽有短时期衰落的现象，但总的说来，是不断向前发展的。

秦汉之际，由于战争影响了农业生产，致使国家不富，百姓生活艰苦。汉初，一些有影响的政治家如贾谊、晁错等，都上书皇帝，劝皇帝采取重农政策，发展农业生产。人民获得了 60 多年的休养生息时间，经过"文景之治"，到汉武帝时，已是国家富裕，"非遇水旱之灾，民则人给家足，都鄙廪庾皆满，而府库余货财。京师之钱累巨万，贯朽而不可校。太仓之粟，陈陈相因，充溢露积于外，至腐败不可食。众庶街巷有马，阡陌之间成群，而乘字牝者傧而不得聚会"（《史记·平准书》）。然而，汉武帝为了解决来自北方的军事威胁，长年用兵，使国力消耗很大。武帝末年，国库空虚，于是又积极推行重农政策，任命赵过为搜粟都尉，对农业进行了一些技术改革。

刘秀建起的东汉王朝由于两汉交替期间的连年混战，豪强横行，土地荒芜，百姓饥困。但刘秀毕竟是"长于民间，颇达情伪；见稼穑艰难，百姓病害"，所以"至天下已定，务于安静；解王莽之繁密，还汉世之轻法"（《后汉书·循吏列传》），从而形成了全国人口、农业和社会经济迅速恢复和发展的"中兴"局面。刘秀的儿子明帝仍能"遵奉建武制度，无敢违者"，因而呈现了"天下安平，人无徭役，岁比登稔，百姓殷富，粟斛三十，牛羊遍野"（《后汉书·明帝纪》）的繁荣景象。

两汉前期之所以有"文景之治"、武帝鼎盛和"光武中兴"的形成，因素很多，情况复杂，主要是在治国总方针上，以黄老刑名之学力指导思想，实行清静无为、与民休息、重农贵粟，抑制豪强商贾，保护和开发边疆；在征税上，实行轻徭薄赋和复除制度；在土地制度上，推行限田度田，强化私有，遏制兼并，致力屯垦；在农业生产中，大力推广高产耕作法、先进农具和技术，引进、培育优良动植物品种，兴修农田水利，发展灌溉、漕运事业。此外，在抚困济贫、促进人口增殖诸方面也有显著成效。这些强有力的政策和措施对提高农业生产，发展国民经济，安定社会秩序，巩固中央集权等起了极为重要的作用。

（一）重农思想和农学思想

1. 重农思想

我国的重农思想有深远的历史渊源。早在西周时代，就有了重农思想的萌芽；及至春秋战国时代，则形成了以"农本论"为特色的重农思想；秦汉以后，则产生了"国以民为本，民以食为天"的重农理论，而成为我国重农的传统。

秦汉时的重农思想，除了继承和发展了农本思想外，更多的是从农业是人民的衣食之源的角度申论重农的必要，从而把我国古代的重农思想推向了一个新的高度，也为秦汉时期农业科学技术的发展提供了理论保证。

秦汉时期的重农思想可以归纳为以下三个方面。

（1）衣食之源论

晁错
晁错是西汉政治家、文学家。他直言敢谏，其代表作有《论贵粟疏》《言兵事疏》等。

晁错在《论贵粟疏》中说："人情，一日不再食则饥，终岁不制衣则寒。夫腹饥不得食，肤寒不得衣，虽慈母不能保其子，君安能以有其民哉。"因此，他认为：必须"务民于农桑，薄赋敛，广畜积，以实仓廪，备水旱"，这样才能"民可得而有也"。

《淮南子》一书中也有相似的论述："人之情不能无衣食，衣食之道必始于耕织。"这就是说，吃饭穿衣是人之常情，而解决衣食的根本途径，在于发展农业生产。如果不注意发展农业生产，"丈夫丁壮而不耕"，"妇人当年而不织"，就会"饥寒并至"，人民在饥寒交迫中，"能不犯法干诛者，古今之未闻也"。晁错所说的"民贫则奸邪生，贫生于不足，不足生于不农"也是这个道理。

（2）重农贵粟论

重农贵粟的思想在战国时代就已出现。《商君书·内外》中就有"食贵则田者利，田者利则事者众"的说法，这就是说，粮食的价格贵对农民有利，农民有利可得，务农的人就会多起来。《管子》一书中也有"粟重而万物轻，粟轻而万物重，两者不衡立"的说法。到了汉代，晁错更将重农贵粟论推向一个新的高度，他在《论贵粟疏》中说："方今之务，莫若使民务农而已矣。欲民务农，在于贵粟，贵粟之道，在于使民以粟为赏罚。"这样可以收到三方面的效果：一是"主用足"，即国家可以增加财政收入；二是"民赋少"，即可以减收贫民的赋税；三是"劝农功"，即在社会上可以造成乐于事农的风气。

（3）农工商并重论

东汉的思想家王符认为，农工商各有本末，要崇尚其本业，抑制其末业。他在《潜夫论·务本》中说："夫富民者，以农桑为本，以游业为末；百工者，以致用为本，以巧饰为末；商贾者，以通货为本，以鬻奇为末。三者守本离末则民富，离本守末则民贫。"这种农工商三者各有本末、农工商并重的思想，是我国古代经济思想中很有见地的思想，对东汉手工技术的发展具有指导意义。

2. 农学思想

农业是整个古代世界的决定性的生产部门，因此在古代，农学家以及思想家、政治家都很注重用理论指导农业生产。秦汉时期是我国古代农业生产科学技术的大发展时期，我国古代传统的农学思想，在这时都已基本形成。

我国古代"天、地、人"的"三才"理论形成于春秋时期，战国时期开始用于指导农业生产。到了秦汉时期，"三才"的概念，发生了重要的变化，由战国时的"天时、地利、人和"，演变为"天时、地财、人力"。《淮南子》

《淮南子》内文
《淮南子》是西汉刘安及其门客集体编写的一部哲学著作，属于杂家作品。《四库全书总目》也将其归入"杂家"，属于子部。

说："上因天时，下尽地财，中用人力，是以群生遂长，五谷蕃殖。"而晁错则对农业生产的"三才"概念，作了更高的概括："粟米布帛，生于地，长于时，聚于力"。这样，"三才"的概念，就成了：力、地、时。这是对《管子》中"力地而动于时，则国必富矣"这一观念的继承和发展。

"三才"观念中，人的因素由"人和"演变为"人力"，是一个重要的变化。这是因为"人和"意味着要使人的主观因素和"天时、地利"等客观因素密切配合，适应自然的气息浓厚一些；而"人力"，则具有重视人工劳动的含义，改造自然的意味浓厚一些。这种意识形态的改变，是要以一定的科学技术为前提的。显然，秦汉时的生产力水平要比以前有显著的提高，从而为实现这种转变奠定了基础。

我国古代农业生产上的"时宜、地宜、物宜"的"三宜"原则，也在这时形成，它是由"三才"理论衍生而来。它的中心思想就是农业生产必须根据天时、地利的变化和农业生物生长发育的规律，采取相应的措施。《淮南子·泰族训》对此有深刻的阐述："天不一时，地不一利，人不一事，是以绪业不得不多端，趋行不得不殊方。"这就是说，天时千变万化，地利千差万别，人们在这种错综复杂的条件下，从事各项生产劳动，就不得不采取多种多样、灵活机动的办法，以适应各种复杂的条件。氾胜之也曾根据农作物的规律，提出了六项共性的措施，而且根据各种作物的特性，总结了因物制宜的个性措施。从而为农业生产确立了"三宜"原则。

扬长避短思想，也是我国传统的营农思想之一。《史记·货殖列传》中说："陆地牧马二百蹄，牛蹄角千，千足羊，泽中千足彘（猪）；水居千石鱼陂，山居千章之材。安邑千树枣；燕、秦千树栗；蜀、汉、江陵千树橘；淮北、常山以南，河济之间千树萩（蒿一类的植物）；陈、夏千亩漆；齐、鲁千亩桑麻；渭川千亩竹；及各国万家之城，带郭千亩，亩钟之田，若千亩栀、茜（一种多年生蔓草），千畦姜韭。"这是根据地区特点，因地制宜发展农林渔牧生产，扬长避短，发挥地区优势的生动写照。这种优良传统一经形成，就成为我国传统的营农思想的重要组成部分。

趋利避害，也是我国传统的营农思想的重要组成部分，汉代已总结出"种谷必杂五种，以备灾害"的经验，并且提出了利中取大、害中取小的趋利避害思想："人之情，于利之中则争取大焉；于害之中则争取小焉。"（《淮南子》）

另外，在汉代农学思想中，还有集约经营思想，如"代田法"和"区种法"就是提高精耕细作和集约经营水平的典范。

（二）新型农具与牛耕法

1. 赵过

赵过，西汉农学家，籍贯和生卒年不详。《汉书·食货志》中说汉武帝南征北战，大兴土木，疏于农业，以致国库空虚，朝野不妥，于是武帝"悔征伐之事"，而提出"方今之务，在于力农"，任命赵过为搜粟都尉，赵过能为代田，所以又使赵过推广"代田法"。

赵过为了使"代田法"的推广有确实的把握，曾作了长期准备和细致安排，他有计划、有步骤地进行了试验、示范和全面推广等一系列工

赵过

赵过是西汉的农学家。他总结劳动人民的生产经验，推广耦犁、推行代田法等，为中国早期的农业生产做出了巨大贡献，在一定程度上帮助农民减轻了负担。

作。首先在皇帝行宫、离宫的空闲地上作生产试验,证实"代田法"确能比一般其他的田地每亩可增一斛,为推广确定了前提条件。其次是设计和制作了新型配套农具,为顺利推广"代田法"创造了良好的生产条件。再次是利用行政力量在京畿内要郡守命令县、乡长官,三老,力田(地方小农官),有经验的老农学习新型农具和代田耕作的技艺,为推广"代田法"奠定了技术基础。第四是先在"命家田"、三辅区域公田上作重点示范、推广,并逐步向边郡居延等地发展。最后在边城、河东(今山西西南部)、三辅、太常、弘农(今河南西部)等地作广泛推行,并取得了成效,从而得到"民皆便代田"(《汉书·食货志》)的成功。

根据汉昭帝时桓宽的《盐铁论》记载,推行"代田法",主要在关中地区。贫户缺牛少马,只能用旧农具耕田,所以,行"代田法"的主要是富户而不是贫苦农民。但是,随着生产力的发展,旧耕作方法势必逐渐被淘汰,赵过所创新农具和新耕作法,必然得到更大规模的推广。从在居延所发现的汉简上面,可以看到"汉昭帝初年""代田仓"的记载,以汉简和史书互相参证,证明史书上"代田法"曾在居延推行的记

《盐铁论》

《盐铁论》是西汉桓宽根据汉昭帝时所召开的盐铁会议记录"推衍"整理而成的一部著作。书中记述了当时政治、经济、军事、外交、文化的一场大辩论。

载，是确实的。从"代田仓"的建立，也可推断，推行"代田法"后，粮食是得到了增长的。

赵过推广"代田法"取得了"用力少而得谷多"的良好效果，其中与他曾设计、创制和使用了"皆有便巧"的"耕、耘、下种田器"，并传授了"以人挽犁"和"教民相与庸挽犁"（《汉书·食货志》）等增产措施大有关系。《汉书·食货志》说：赵过"耕耘下种田器皆有便巧……用耦犁两牛三人……过使教田太常、三辅、大农置工巧奴与从事，为作田器……善田者受田器，学耕种养苗状"，但这些便巧的农具的结构形式、制作方法、操作技术和具体效果等在其他古籍上却难有踪迹可寻。东汉崔寔《政论》记载，赵过"教民耕种，其法：三犁共一牛，一人将之，下种挽耧，皆取备焉。日种一顷，至今三辅犹赖其利"。

"三犁共一牛"即三脚耧，因为它功能多，效率高，沟垄整齐、宽窄划一、深浅均匀，因而为高产低耗创造了条件。我国北方直到新中国成立前，甚至现在，耧在生产上还起着重要作用。

《汉书·食货志》所说的赵过向全国推广"用耦犁，两牛三人"的办法，使铁犁和牛耕法逐渐普及，在此基础上，东汉时期又取得了进一步的发展，为后世的犁耕技术奠定了基础。

赵过和他所创造的新农具和新耕作技术，在我国古代农业科学技术的发展史上占有重要的地位。

2. 铁犁和牛耕法

（1）牛耕法的推广

赵过向全国推行"用耦犁，两牛三人"的牛耕法，其中"耦犁"，未知何指。崔寔的《政论》曾论及："今辽东耕犁，辕长四尺，回转相妨，既用两牛，两人牵之，一人将耕；一人下种，两人挽耧。凡用两牛六人，一日才种二十五亩"，这与前述的"三犁共一牛，日种一顷"差距很大。崔寔说的其用两牛，两人牵之，一人将耕，可能就是两牛三人的"耦耕"，这是东汉后期的事，东汉辽东的牛耕很可能是赵过以后才推广的，亦称之"两牛抬杠"。

赵过推广的"用耦犁，两牛三人"应是这样一种牛耕法，即两牛挽一犁，由三人操作，他们分别掌握牵牛、按辕和扶犁等工作。这同新中国成立前云南省宁蒗纳西族地区还残留的两牛三人的牛耕法相似。这种方法虽然需用较多的人力，但在驾驭耕牛的技术不够熟练、铁犁构件及其功能尚不完备的条件下，不失为一种较好的方法。因为它通过三人的通力合作，可以较好地掌握方向，保证垄沟整齐和调节深浅，达到深耕细作的目的。随着驭牛技术的日益提高和活动式犁箭的发明，至迟在西汉晚期已进而有一牛一人犁耕法，这是双辕犁的使用和犁铧形式改进的结果。

从全国各地主要是陕西、山西、山东、江苏等省近年来所出土的大量汉代牛耕壁画和画像石以及为数众多形式多样的犁具看，汉代牛耕推

汉代牛耕壁画

汉代牛耕壁画详细描绘了当时的生活风貌，具有重要的文物和艺术价值。

广的范围已经很广泛了。

为了保证牛耕的顺利发展，汉初对保护耕牛和加速耕牛繁殖是比较重视的，国家明文规定"盗马者死，盗牛者加"（《盐铁论·刑法论》），即指盗牛者，较盗马加重治罪。并严禁杀牛，"杀牛，必亡之数"（《淮南子·说山训》），为什么？应劭曾解释道："牛乃耕农之本，百姓所仰，为用最大，国家之为强弱也。"（《风俗通义》，转引自《艺文类聚》八十五）

光武中兴后，对推广牛耕和保护耕牛也很重视，建武年间（公元25—56），任延在任九真郡（今越南清化、河静一带）太守时，教民牛耕，因而开垦的田亩年年增加。广西位于中原去九真的必经途中，因此广西推广牛耕理应不迟于九真之后。事实上广西贺县（今贺州市）已出土过东汉铁铧两件，说明广西在东汉初期使用牛力耕地确已开始。广东的考古发掘中发现汉墓中有随葬的牛和水田模型的牛耕迹象，这为汉代广东有可能推广牛耕提供了物证。王景作庐江太守，教民犁耕，提高了耕作效率，因而"垦辟倍多，境内丰给"（《后汉书·王景传》）。由于东汉初年，有些地区经常发生牛疫，因而东汉王朝对损害耕牛者的治罪也不手软，不论宰杀自己的牛或是盗窃别人的牛，一律处以死刑。可见其重视之程度非同一般。

牛耕的推广和耕牛的保护是汉代发展农业政策上的两项相辅相成的重大措施，对提高精耕细作水平，增加农业生产效益起了重要的作用。

（2）铁犁的改进和应用

与牛耕法相适应，汉代铁犁铧为了适应不同的需要，形制和大小各有差别。一种为了适用于垦耕熟地，形制较小，上下两面凸起，轻巧灵便。一种为了适用于开垦荒地，形制较大，前端呈锐角，上面凸起，中有凸脊，下面板平，锐利厚重。更有一种为了适用于开沟做渠，形制很

六、农艺学

大，特大的长宽都在40厘米以上，重达12~15公斤，往往需要数牛牵引。

至迟在西汉晚期，犁铧已有翻土的犁壁（或称犁镜）装置，特别是山东安丘，河南中牟、鹤壁、渑池，陕西西安、咸阳、醴泉、陇县等地都有汉代铁犁壁出土。而且犁壁已有多种式样，陕西出土的汉代犁壁，有向一侧翻土的菱形壁、板瓦形壁，有向两侧翻土的马鞍形壁。可见当时对于犁壁的设计和使用已达到相当的水平。犁壁的发明是耕犁改革中的一个重大发展。没有犁壁就起不到碎土、松土、起垄作亩的作用，有了犁壁就可能翻土、碎土。欧洲的耕犁直到 11 世纪才有犁壁，比我国要迟 1000 年。

东汉时，出现了短辕一牛挽犁[1]，它操作灵活，便于在小块农田上耕作。这种短辕一牛挽犁的出现，是跟犁铧的改进结合在一起的。东汉时，已经大量使用铁制犁铧。和战国以来一直沿用的 V 型犁比较起来，铁制铧犁的刃端角度已经缩小，更加坚固耐用，既起土省力，又可以深耕。

目前已发现的汉代犁耕图像和模型，有下列 8 件：A. 甘肃武威磨嘴子西汉末年墓出土的木牛犁模型；B. 山西平陆枣园村王莽时期壁画墓牛耕图；C. 山东滕县（今滕州）宏道院东汉画像石牛耕图；D. 江苏睢宁双沟东汉画像石牛耕图；E. 陕西绥德东汉王得元墓画像石牛耕图；F. 陕西绥德东汉郭雅文墓画像石牛耕图；G. 陕西米脂东汉画像石牛耕图；H. 内蒙古和林格尔东汉壁画墓牛耕图（犁具已模糊不清）。这些模型和图像，虽然只有粗略的线条，从中还是可以看到当时耕犁的结构。从 A、B、E、F、G 等中，可以清楚地看到当时耕犁已有犁床（又称犁底）；从 A、B、D、F 等中，可知东汉耕犁大多是单长辕，用两头牛牵引；从 C 中，可知东汉耕犁也有双长辕，用一头牛牵引的。从这些模型和图像，

① 陕北东汉画像石选集［M］. 北京：文物出版社，1959.

可知汉代耕犁都已装置有犁箭，犁箭是控制耕犁入土深浅的部位。从C、D两图，还可以看到在犁箭和犁辕的交叉处插有活动的木楔，这种木楔在犁箭上可以上下移动，使犁辕与犁床之间的夹角张大或缩小，决定犁头入土的深浅。这是耕犁上的一种比较进步的装置。从犁架上的进步装置和犁铧、犁壁的结构来看，东汉时代耕犁已经基本定型了[①]，后世耕犁大抵是沿着这一基本形制发展和演变的。

3. 农具

秦汉时农具的种类趋于完备，从整地、播种、中耕除草、灌溉、收获脱粒到农产品加工的石制、铁制或木制的机械有 30 多种，其中不少是新型农具，对提高农业生产率具有重要的意义。

耧车。这是赵过推广的重要新农具。崔寔的《政论》说："其法三犁共一牛，一人将之，下种挽耧，皆取备焉。日种一顷，至今三辅犹赖其利。"这里的"三犁"实际上是指三个耧脚。山西平陆枣园王莽时期壁画墓牛耕图上有一人在挽耧下种，其耧正是三脚耧。汉代的耧车由机架、种子箱、排种孔、耧脚、输种管以及牵引装置所组成，其工作原理、构造部件、调节装置等都为以后的播种机的制造打下了基础，它

耧车

耧车由耧架、耧斗、耧腿、耧铲等构成。有一腿耧车至七腿耧车多种，以两腿耧车播种较均匀。耧车是播种用的农具，可以省力增产。

---

① 张振新. 汉代的牛耕 [J]. 文物，1977，（8）.

在传统的农机具中占有重要的地位。播种时，一牛拉耧，一人扶耧，种子盛在耧斗中，耧斗通空心的耧脚，且行且摇，种乃自下。传世的三脚耧也正是这种"三位一体"的农具。它能同时完成开沟、下种、覆土三道工序，一次能播种三行，而且行距一致，下种均匀，大大提高了播种效率和质量。据《齐民要术》记载，东汉时，耧车传到敦煌，使用后"所省佣车过半，得谷加五"，即劳动力节省了一半多，产量增加了五成。

风车。1973年河南济源县（今济源市）西汉晚期墓葬中出土有陶风车明器，这说明至迟在西汉晚期，已经发明了这一在谷物脱粒后清理籽粒、分出糠秕的有力工具。它把叶片转动生风以及籽粒重则沉、糠秕轻则飏的经验巧妙地结合起来，应用于一个机械之中，确是一种新颖的创造。

水碓。碓是由杵臼发展而来的，是杠杆原理的实际应用。它的功用仍是舂米、舂面等。水碓的发展有三个步骤。第一步是借用一个长的杠杆，把杵头装在杠杆的一头，人把两脚踏在两个直杆上，当用脚踏动杠杆的一头时，即可借一部分体重作下压的力量，当脚松开时，杵头即启动舂下去，这样就比较省力，这是脚踏碓。第二步是从人力踏碓发展为畜力碓，利用畜力在一定的地点进行一个横轴回转运动，再从横轴上的拨板以拨动碓杆的一头（相当于一个斜齿轮的传动），得到碓的舂米动作。第三步是从畜力碓发展为水碓，在脚踏碓用脚踏的那一头，装上一个水槽，引水注入，当槽内水满，重量增大时，就把碓扬起，同时水槽下落，水被倾泻，重量减轻，碓就下落以舂米。就原动力来说，是完全利用水的重力以代替脚踏的力量。从西汉晚期到东汉后期百数十年间，由杵臼而人力踏碓，而畜力碓而水碓，以适应当时人对于加工数量众多、加工质量清洁纯一、加工时间迅速的要求，所以它所用的原动力，先是劳动力的体力和一部分重力，其次是畜力，再次是水力。桓谭对此评价说："因延力借身重以践碓，而利十倍杵舂。又复设机关，用驴马

桓谭

桓谭是东汉哲学家、经学家、琴师。他爱好音律，善鼓琴，博学多通，遍习五经。著有《新论》29篇。

骡牛及役水而舂，其利乃且百倍"（《新论》），即脚踏碓的功效十倍于杵臼，装设机械，用驴骡马牛和流水来作动力，功效可增至百倍。桓谭是两汉之交的人，其时已有畜力和水力碓，可见碓的发明应更早。而水碓的发明说明了人们对自然力的利用和机械技术的重大进步。

其他小型铁农具，如臿、镬、锄、镰等比战国时期一般都加宽加大，提高了工作效率。更重要的是，方銎（qióng，音穷，斤斧安柄之孔）宽刃镬、双齿镬、三齿耙和钩镰等较先进的铁农具，也先后出现。新式镬适于深挖土地；三齿耙适于打碎土块；钩镰比战国时的矩镰更适于收割稻、麦等作物，在四川绵阳和牧马山崖墓中发现的铁制钩镰，全长35厘米，是专用于收割的大型农具，操作起来很方便。东汉时较重要的小型农具有铁制的曲柄锄和铩镰等。在四川乐山崖墓石刻画像中见到的曲柄锄，是便于铲除杂草的中耕工具；铩镰则是收获的利器，成都的扬子山东汉墓出土的一块画像砖，就生动地刻画了农民手持铩镰收割的场面。

灌溉工具在秦汉时也有所创新。在四川彭山和成都等地发现的东汉墓葬里经常看到水田和池塘组合的模型，有从池塘通向水田的灌溉水渠，有的还在出口处安置圆形的闸门。特别是汉灵帝时，宦官毕岚总结劳动人民的实践经验，创制了翻车和渴乌，使灌溉技术大大提高了一步。翻车是一种在河边汲水的车，渴乌则是洒水的曲筒，用于给道路洒水。使用水车，较之以前用桔槔提灌，效率当然高得多。

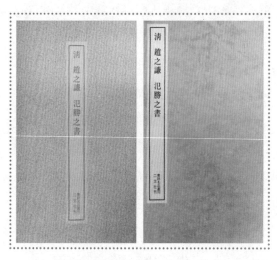

《氾胜之书》

《氾胜之书》是西汉晚期的一部重要农学著作，其总结了当时黄河流域劳动人民的农业生产经验，记述了耕作原则和作物栽培技术，对促进中国农业生产的发展产生了深远影响。

（三）《氾胜之书》

1. 内容介绍

据《汉书·艺文志》记载，汉时的农书共有9家114卷之多，其中《神农》20篇，《野老》17篇，《宰氏》17篇，《董安国》16篇，《尹都尉》14篇，《越氏》5篇，《氾胜之书》18篇，《王氏》6篇，《蔡癸》1篇。其中以《氾胜之书》最为著名。

《氾胜之书》我国现存最早的一部农学专著，书中记载黄河中游地区耕作原则、作物栽培技术和种子选育等农业生产知识，反映了当时劳动人民的伟大创造。作者氾胜之，生卒年不详，西汉后期成帝时任议郎，曾督导三辅各地种麦，是一位有实践经验的农学家。原书18篇，多为后世农书所引用，约在北宋末年失传，清洪颐煊有辑本。马国翰从《齐民要术》中辑得16篇，又从其他书中缀为杂篇上下，凑成18篇，共3700字。1956年，科学出版社出版了石声汉《氾胜之书今释》以及万国鼎《氾胜之书辑释》。

《氾胜之书》所反映的农业生产技术包括以下几方面。

（1）应用综合栽培技术

西汉时期，人们已经认识到农作物的生产是多种因素的综合，是各种栽培技术的综合。在整个作物栽培过程中，要注意六个不可分割的基本环节："趣时，和土，务粪、泽，早锄，早获"。

"趣时"，即不误农时，栽培作物要不早不晚，与气候时令同步。

"和土"，即使土壤疏松，有良好的结构。土壤好，庄稼就长得好；土壤不好，庄稼当然就长得差。

"务粪、泽"，就是注意及时施肥和灌溉。

"早锄""早获"，就是及时锄草，及时收获。

（2）不同作物必须有不同的栽培方法，不能千篇一律

《氾胜之书》讲了粮食、衣着原料、饲料等12种作物的栽培方法，自整地、播种直到收获的各个环节，每种作物的栽培方法都不相同，甚至差别很大，这是因为作物生长期有长短，成熟有早晚，有的需要水多，有的耐旱，有的春种秋收，有的秋种夏收，有的抽穗结实，有的在地下结果。作物的生长方式不同，因此栽培技术自然也不同。比如冬小麦和水稻的栽培方法就不一样。首先是播种时间不同，在关中地区，冬小麦在夏至后70天播种，水稻是冬至后110天播种。其次是麦、稻的需水量相差很大。如果秋天有雨，地里墒量好，麦地就不用浇水；水稻则不同，从播种到成熟，都不可缺水。由于稻田里水的温度对水稻生产有很大的影响，因此需要采取措施控制水温。氾胜之的办法是在田埂的进、出水口上。当需要水温高一些时，就把进、出水口上下相对地开在一条直线上，使水局部地在这一直线上通过，就可以避免整块田的水温下降；当需要降低水温时，就把进、出水口错开，这样，新进来的低温水在流经整块稻田的过程中带走热量，使稻田里的水温降低。第三，麦、稻中耕除草的方法也不同。

（3）区种法的发明

区种法是一种高产栽培方法，主要是依靠肥料的力量，不一定非要

好田。即使在高山、丘陵上，在城郊的陡坡、土堆、城墙上都可以作成区田。《氾胜之书》依据不同的地形，采用了两种区田布置方法：一是带状区种法，二是方形区种法。两种布置方式都要求等距、密植、全苗，施肥充足，浇水及时，以及精密的田间管理。这样小麦亩产可达4187斤，这个数字显然夸大了，但它却给后世指出了精耕细作、提高单位面积产量的方向。

（4）整地改土技术

通过整地达到和土保墒、改良土壤的目的，这是氾胜之在继承前人经验的基础上做出的新贡献。要求整地要提前进行，春种地要进行秋耕和春耕，秋种地要进行夏耕，使整个耕作层有良好的土壤结构。为了防旱保墒，要特别注意选择耕地的时间，避免秋冬干耕，春冻未解就早耕，冬季要积雪保雪。《氾胜之书》还提到耕完之后，要让耕地长草，然后再耕一次，将草埋在地下。这种做法正是应用绿肥的开端。既利用了有机质，又消灭了杂草，这是我国利用绿肥改良土壤的独特技术。

（5）选种留种技术

氾胜之已认识到"母强子良，母弱子病"的种苗关系。有好种才有好苗，有好苗才能高产。为了获得良种，必须选种。选种的标准是生长健壮，穗形相同，籽粒饱满，成熟一致。选种的时间是在作物成熟后、收获以前，到田间去选。选好的种子不能跟非种子混杂，要单收、单打、单藏。收藏种子要防止霉烂，防止虫害。因此在收藏前要把种子晒干扬净。特别是要保存过夏天的麦种，更要用药防虫。

（6）施肥技术

施肥技术在我国发展很早，据说殷商时已有施肥的记录。然而明确认识施肥是为了供给作物生长的养分，改善作物所需要的土壤条件，又将肥料分作基肥、种肥、追肥和特殊的溲种法等，这都是秦汉时才有，由氾胜之作了总结。

（7）中耕除草与嫁接技术

氾胜之讲，中耕除草有四个作用：间苗、防冻、保墒、增产。以小麦为例，当麦苗显出黄色时，那表明太密了，要通过中耕除草把麦苗锄稀些。秋锄后，要用耙耧把土壅在麦根上，这样可以保墒、保温、防冻。麦苗返青时要锄一次。榆树结荚时，地面干成白色，又要锄一次。小麦经过三四次中耕除草，会使产量成倍地增加。

氾胜之又以种瓠为例，记述了西汉的嫁接技术。当瓠苗长到 2 尺多长时，便把 10 根茎蔓捆在一起，用布缠绕 5 寸长，外面用泥封固。不过 10 日，缠绕的地方便合为一茎，然后选出一根最强壮的茎蔓让它继续生长，把其余 9 根茎蔓掐去，这样结出的瓠又大又好。

瓠

瓠是一年生草本植物，夏天开白花，果实呈长圆形，嫩时可食用。瓠也指这种植物的果实。

（8）轮作、间作与混作

氾胜之记述了西汉农作物的轮作、间作与混作技术。如谷子收获以后种麦；瓜田里种韭菜、小豆；黍与桑葚混播，桑苗生长不受妨碍，还能多收一季黍。这些技术的采用，提高了土地利用率，达到了增产增收的目的。

《氾胜之书》记载的农业科技成就，显示了秦及西汉时期的农业科学技术水平。

2. 代田法和区种法

秦汉时期是我国历史上农业生产的发展时期，精耕细作的水平有了很大的提高，土壤耕作技术有了新的发展，试验示范和推广了"代田法"和"区种法"，这些在《氾胜之书》中，得到了比较集中的反映。

（1）代田法

"代田法"始于汉武帝时，搜粟都尉赵过，曾在离宫内地上进行过试验，以后又以公田和"命家田"进行过示范，"是后，边城、河东、三辅，太常民皆便代田"（《汉书·食货志》）。

"代田法"是一种什么样的耕作法呢？《汉书·食货志》中说："过能为代田，一畮三甽，岁代处，故名代田，古法也。"这里的"畮"是"亩"字的古字，而"甽"则指垄沟，看来它是战国时代"上田弃亩"法的继承与发展。由于它在一个生产周期内，垄沟和垄台互换位置，所以叫作代田。代田的耕作栽培方法是，"播种于甽中，苗生叶以上，稍耨垄草，因隤其土，以附苗根……每耨稍附根，比盛暑，垄尽而根深，能与风旱"（《汉书·食货志》）。这就是说，代田是垄作体系中，"种下垄"的一种方法，等到幼苗长起来以后，通过中耕除草，逐渐把垄上的土铲下来，培在禾苗根部，到了盛夏的时候，垄上的土已经铲尽，也就是全部培在禾苗根部去了，于是庄稼的根很深，能抗风、旱。

"代田法"是低作与高作的结合，在春季播种时以及幼苗时是低作的，即播种在垄沟里，但是在夏季中耕除草、培土之后，就成了垄作。由于"代田法"在每个生产周期中，垄沟和垄台互相变换了位置，而它又总是在垄沟里播种，于是就产生了轮番利用土地的效果。即原来种庄稼的地方（垄沟）就休闲起来，原来休闲的地方（垄台）就利用起来。这样，"代田法"就继承和发扬了战国时代的"息者欲劳，劳者欲息"的土壤耕作原则。"代田法"的可贵之处，就在于它是在同时同地的条件下，通过垄沟互换的办法，实现了土地的轮番利用与休闲的原则。

"代田法"在春季实行低作，有利于防风抗旱，在夏季实行高作，有利于排水防涝，特别是它具有"垄沟互换，轮番利用"的优点，所以它在当时被誉为"用力少而得谷多"的耕作方法。据《汉书·食货志》记载："代田……一岁三斛常过缦田一斛，善者信之"，即"代田法"一般要比普通的耕作方法增产25%，搞好了甚至能成倍地增产。

东北地区至今仍采用着以"垄作轮耕，耙扣交替，垄沟互换，轮番利用"为特征的传统耕作方法。耙种和扣种是东北地区固有耕作方法中两种最基本的方法。所谓扣种，就是破旧垄，合新垄的垄翻方法；所谓耙种，就是原垄开沟播，不行耕翻。这不能不说是"代田法"的遗风至今尚存。它说明"代田法"有着强大的生命力。

（2）区种法

"区种法"是汉代我国耕作法的另一重要成就，《氾胜之书》首先记载了"区种法"。虽然氾胜之曾伪托区种法是伊尹创造的，但已无从可考，实际上可能是氾胜之本人总结农民的先进经验而加以倡导的。若追溯它的起源，可能是导源于赵过的"代田法"，或更早的"甽田法"。

"区种法"，是综合运用深耕细作、密植全苗、增肥灌溉、精细管理等措施，创造高额丰产的方法。是我国耕作园田化的开端。

"区种法"产生在干旱的环境中，因而它也是一种抗旱丰产的耕作法。

"区种法"有两种耕作法，一种是"带状区种法"，一种是"方形区种法"。"带状区种法"：用一亩地作标准来说，一亩地长18丈，宽4丈8尺，将18丈横断分作15町，町与町之间留下1尺5寸宽的人行道，共有14条道，每町阔1丈5寸，长4丈8尺。横着町每隔1尺，凿一条宽1尺，深1尺的沟，将凿沟掘出来的土壤积在沟间。

"带状区种法"的田间布置和整地方式，和今日的畦田有类似之处，是耕作园田化的雏形。

"带状区种法"的播种方法是很精细的。它要求种禾黍要种在沟里，顺着沟种两行，行和沟边的距离2.5寸，行距5寸，株距也是5寸，这样，一沟共种44株，一亩合计有15750株。

种麦，行距2寸，一沟种5行，每行种52株，一亩地合种93550株。

种大豆，株距1尺2寸，一行9株，一亩地合种6480株。

可见，"带状区种法"在耕作栽培上，总的要求是深耕细作，合理密植，等距全苗。

"方形区种法"：因劳力、土质等条件的不同，而有三种耕作方式。

上农夫的区，每区6寸见方，6寸深，区间距离9寸，一亩地里作3700区。一个工作日可以作1000区，每区种粟20粒，用1升好粪，与土混合，亩用种量2升。到了秋天，每区可收3升粟，一亩地可收100斛。两个成年劳动力，可以种10亩，共收1000斛，一年吃36斛，可以维持26年。

中农夫的区，每区9寸见方，6寸深，区间距离2尺，一亩地作成1027区，用种子1升，收获51斛，一个工作日可以作成300区。

下农夫的区，每区9寸见方，6寸深，区间距离3尺，一亩地作成567区，用种子1升，收获28斛，一个工作日可作200区。

采用"方形区种法"种麦，区的大小如同上农夫的区，在收获谷子后区种。

采用"方形区种法"种大豆，要作成方、深各6寸的"坎"，"坎"的间距是2尺，一亩地作1280坎，把坎作成后，要取好粪1升，和"坎"中土搅和，放在坎里，在播种时，每坎浇3升水，每坎种豆3粒。

"方形区种法"是一种培养丰产坑或丰产墩的方法。其特点是，局部深耕细作，增肥灌水，等距全苗。它是一种创造高额丰产的方法。

"区种法"有着较高的耕作水平，取得了惊人的高额丰产，它标志着汉代精耕细作程度有了很大提高。

（四）园艺、养马、蚕桑的发展

1. 园艺

在秦汉时期，园艺方面有几项突出的发明创造。

一是发明了蔬菜瓜果的温室栽培技术，这体现了人力控制自然、利用自然的能力。在黄河以北，冬季天寒地冻，作物不能生长，因此，要想在冬天吃到新鲜蔬菜瓜果，简直成了神话。然而当时的人们通过智慧和辛勤劳动，终于把神话变成了现实。传说秦始皇时，已在骊山山谷中冬季栽培喜温的瓜类，获得了成功。《盐铁论·散不足》描写了当时富人的生活享受有"冬葵温韭"，"温韭"就是经过温室培育的韭菜。《汉书·召信臣传》记载当时太官园中，冬天能种植"葱韭菜茹"，办法是"覆以屋庑，昼夜然（燃）蕴火（文火），待温气乃生"。这些是温室栽培技术的开端。

骊山

骊山位于西安临潼区城南，属秦岭山脉的一个支脉。因远望山势如同一匹骏马，故名骊山。现代史上，著名的"西安事变"发生于骊山之上。

二是瓜蔬套作。《氾胜之书》记载说，在瓜田里可以间种薤或小豆（采其嫩叶可当作蔬菜），这种巧妙的种植方法是套作的雏形。套作法以后在蔬菜种植方面不断发展改进，并引用到大田作物中去。

三是嫁接法。《氾胜之书》种瓠法中讲到用十株瓠接在一起成一条蔓，蔓上只留三个果实，使十株根系共同滋养一条蔓上的三个果实，以求结出特别大的瓠来。这是当时人们的期望，实际上不可能结出特别大的瓠来，但它却是关于嫁接法的最早记载。

四是移植。汉武帝曾屡次令人把生长于热带或亚热带地方的果树，如荔枝、龙眼、橄榄、柑橘等移植到气候较寒冷的长安来，虽然"岁时多枯瘁"，但有一些还能成活，并能"稍茂"（《三辅黄图》）。

张骞

张骞是西汉外交家、探险家，被誉为"丝绸之路的开拓者""第一个睁开眼睛看世界的中国人"。

自从汉使通西域后，也引进移植了许多瓜果蔬菜。据《汉书·西域传》记载，当时西域大宛一带和且末盛产葡萄，自从张骞出使西域时把葡萄带回中原后，推广快，成了深受广大人民喜爱的果品。张骞从西域带回的水果品种还有安石榴，《齐民要术·安石榴第四十一》："陆机曰：'张骞为汉使外国十八年，得涂林。涂林，安石榴也。'"汉初皇家囿园上林苑中还种有"出瀚海北耐寒不枯"的"瀚海梨""出昆仑山"的"西王枣"、"出西域"的"胡桃"（《西京杂记》）。

蔬菜中有张骞等从西域带回的大蒜、胡荽之类，《齐民要术·种蒜第十九》："《博物志》曰：张骞使西域，得大蒜、胡荽。"据记载，胡豆也是来自西域。

来自西域的植物还有苜蓿，陆机《与弟书》中也记有此事。《汉书·西

胡荽

胡荽也就是现在的香菜，对土壤要求不严。原产地是欧洲地中海地区，现中国东北、河北、贵州、云南、西藏、湖北等省区均有栽培。

紫苜蓿

紫苜蓿可作绿肥，亦可入药。现全国各地都有栽培，呈半野生状态，生于田边、路旁、旷野、草原、河岸及沟谷等地。

域传》说罽宾（今克什米尔一带）有苜蓿，张骞等使臣取回后，皇帝把它当作珍稀植物种于自己离宫别馆的花园里以供欣赏。《西京杂记》卷一说："乐游苑自生玫瑰树，树下多苜蓿。苜蓿亦名'怀风'，时人或谓之'光风'。风在其间萧萧然，日照其花，有光采，故名苜蓿为'怀风'。"苜蓿在西域本是一种生长茂盛、质地优良的饲草，它的引进、试种和推广是我国畜牧业发展史上的一个重大事件，它对加速繁育良种马匹，增强马、牛的体质和挽力都发挥了一定的作用。

这些植物的移植成功反映出当时育苗、起苗、护苗、装运以至种植、护养、防寒等一套操作技术已达到了较高的水平。

五是东汉时已有双季稻的栽培技术。扬孚《异物志》已有水稻"冬又熟，农者一岁再种"的记载。《四民月令》则有稻秧移栽的记录，这是水稻栽培技术上的一项突出进步。

2. 养马

我国养马具有悠久的历史，并且历来都很重视马种的选育和改良，因此培育出了许多马的优良品种。

秦时在边郡设立的牧师苑，成为以后历代王朝建立大规模养马场的先声。汉景帝二年（前155）在西北边郡大兴马苑达36所，养马30万匹，3万养马人中，很多是富有养马经验的少数民族兄弟。汉武帝时，为了对周边的少数民族进行征服，因此配备骏马、改善西汉骑兵条件是绝对必需的。汉武帝对引进优良马种十分重视，首先派张骞去乌孙取得乌孙马数十匹。乌孙马，有天马之称，《史记·大宛列传》记载："种马当从西北来，得乌孙好马，名曰'天马'，及得大宛汗血马，益壮，更名乌孙马曰西极，大宛马曰天马云。"乌孙马来自乌孙国，《汉书》说："乌孙国距长安八千九百里，距汉都护所一千二百里"，据南京农大谢成侠教授考证，其地清初为准噶尔，即现在新疆哈萨克自治州一带，清初所育的伊犁马，它的老祖宗就是乌孙马。后来汉武帝又听说大宛有更优良的马，匿马而不肯给汉使时，武帝就经常遣使臣去说服、争取，并持千金以至金马去交换，史称"天子好宛马，使者相望于道"，但大宛还是不答应。于是武帝发兵六万，牛马十三万，攻击大宛。当重兵压境时，大宛终于被迫提供"善马数十匹，中马以下牝牡三千余匹"（以上引文见《汉书·张骞李广利传》）。

汉武帝先后得到来自西域的乌孙马和大宛马后，就在当时的西北牧区（今陕西、甘肃一带）开展了大规模的马匹良种选育、改良与繁殖工作，并且成效卓著。

西汉前期，尤其通西域后，所谓"奇畜"的"骡、驴、馲（骆）驼，衔尾入塞"（《盐铁论·通有篇》），从而成为中原地区重要的役畜，以至武帝一次就能征集"牛马十三万"去参加征伐大宛的战争，西汉前

○ 帛书《相马经》

《相马经》是中国最早的相
马术著作。由春秋战国时
期孙阳（伯乐）所撰写。

期牲畜优良品种的征集与培育对后世家畜品质的提高有着深远的影响。

秦汉时，家畜鉴定和选种技术亦有较高水平，与之相关的家畜外形学知识，即"相畜"已有专门的著作出现，《汉书·艺文志》中载有"《相六畜》三十八卷"。通过《齐民要术》保留下来的汉代（或许是汉以前的）《相马经》，已认识到马体各部位之间的相互关系和内外联系，还科学地指出相马的关键和一些关于马的外形学的知识和理论。东汉名将马援继承了前人和他本人在西北养马以及军事实践的丰富经验，约在公元45年，铸立铜马于洛阳宫中。铜马式等于马匹外形学研究上的良马标准模型。这类相马金属模型，在欧洲18世纪才有所闻。有人认为1969年在甘肃武威雷台东汉墓出土的铜奔马（即著名的"马踏飞燕"），很可能就是上述的良马模型之一。当时良马等级有"袭鸟"一级，即形容马快可以追得上疾飞的"鸟"。

铜奔马
铜奔马，别称马踏飞燕，是1969年10月出土于甘肃省武威市雷台汉墓的东汉青铜器，现藏于甘肃省博物馆。其先后被确定为中国旅游标志、国宝级文物，还被列入《首批禁止出国（境）展览文物目录》。

3. 蚕桑

在宅前宅后栽桑，用以养蚕织丝，这是我国古代农民的家庭副业之一。蚕原来野生在自然生长的桑树上，以吃桑叶为主，所以也叫桑蚕。早在殷周时期，我国的蚕桑生产已经有很大发展，可见开始人工养蚕，远在殷

桑蚕
桑蚕起源于中国，由古代栖息于桑树的原始蚕驯化而来，杂交能产生正常子代。

周之前。到西周，已经大面积栽种桑树。当时栽种的桑树，有灌木式的，也有乔木式的。《诗经·七月》中已讲到矮小的桑树，"猗彼女桑"，因为城墙上的雉堞叫作"女墙"，即矮墙，"女桑"在这里转引来说明矮桑。同时也提到了采桑养蚕的事，"春日载阳，有鸣仓庚，女执懿筐，遵彼微行，爰求柔桑"，说的就是在春天里，妇女们去给蚕采摘嫩桑的事。秦汉时蚕桑业大为发展，从汉画像砖中反映出，这时有的地方已经营大规模桑园，以贸厚利。内蒙古和林格尔出土的汉墓壁画中，有女子采桑及养蚕用的箔筐之类器物，可知最迟在东汉晚期，内蒙古南部一带已经发展起蚕桑事业了。这是居住在这里的乌桓、鲜卑和汉族劳动人民共同辛勤劳动的成果。也说明了蚕桑业在全国范围内得到了普遍的推广。

桑叶是家蚕的主要食料，桑叶

桑叶
桑叶喜光，耐寒、旱，对气候、土壤适应性都很强。分布在我国南北各地，长江中下游地区为多。

桑葚籽

桑葚籽是桑科植物桑树的果穗，味甜汁多，是人们常食的水果之一。具有保健、消暑等功效。

的品质好坏，直接关系到蚕的健康和蚕丝的质量。《氾胜之书》中已有了栽培地桑（鲁桑）的明确记载，方法是：头年把桑葚籽和黍种合种，待桑树长到和黍一样高，平地面割下桑树，第二年桑树便从根上长出新枝条。这样的桑树，低矮便于采摘和管理。更重要的是这样的桑树枝嫩叶肥，宜于养蚕。这说明桑树栽培技术的进步。

在秦汉时，已有二化蚕出现，"原蚕一岁再登"（《淮南子·泰族训》），一年能养二次蚕，丝产量就大大提高了。这时，人们还知道，适当的高温和饱食有利于蚕的生长发育，可以缩短蚕龄；反过来就不利于生长发育，并且要延长蚕龄。

在长期的养蚕实践中，蚕农们积累了丰富的防治蚕病的经验。他们采取了许多卫生措施、药物添食以及隔离病蚕等办法，来防止蚕病的发生和蔓延。崔寔在《四民月令》中说："三月清明节，令蚕妾治蚕室，涂隙穴，具槌持箔笼。"这是说，养蚕前必须修整和打扫蚕室蚕具，涂塞隙缝和洞穴，以防鼠患，又可防风和掌握蚕室的温度。对养蚕方法也很注意，要"浴种"，用清水洗去种卵卵面上的污物，这是保护蚕种防治蚕病的一个重要措施。在整个饲养过程中，要及时清除蚕沙（蚕粪），不断消毒蚕具。

有了好饲料，加上讲究蚕的饲养方法，生产优质的蚕丝就能得以保证。这为丝织业和丝织技术的发展，为高质量的丝织品的出现准备了重要的条件。

此外，西汉伏无忌的《伏侯古今注》还记载了汉元帝永光四年（前40），山东蓬莱、掖县（今莱州）一带，农民采收野生柞蚕丝、制成丝绵的事情。可见山东放养柞蚕与生产柞蚕丝绸的历史起码有 2000 多年。

（五）水利工程

秦汉时期的水利工程继春秋战国以后，在规模、技术和类型上都有了重大的发展，取得了很大的成就。农田水利工程的分布以关中地区为中心，同时也扩展到了西北、西南等边远地区。

随着经济地区的不断开发，黄河中下游地区的经济地位显得越来越重要，对黄河的治理要求也就更为迫切。在西汉时期，黄河水灾的记载明显增多，我国古代劳动人民在对黄河的治理中付出了艰巨的劳动，在治黄规划和治黄技术上都有显著的成就，其中以东汉初年的王景治河最为著称。此外，在这一时期中，还发明了许多水力机械，灌溉水车出现

灌溉水车
水车也称为天车，作为汉族农耕文化的重要组成部分，体现了汉民族的创造力。水车的发明为人民安居乐业和社会和谐稳定奠定了基础。

了，水排的发明也比欧洲早1000多年，这些都体现了我国劳动人民的勤劳和智慧。

铁农具的广泛使用，为兴建水利提供了有利的条件。秦汉时期的大型水利工程有以下一些项目。

1. 都江堰

都江堰位于岷江由山谷河道进入冲积平原的地方，它灌溉着灌县以东成都平原上的万顷农田。原来岷江上游流经地势陡峻的万山丛中，一到成都平原，水速突然减慢，因而夹带的大量泥沙和岩石随即沉积下来，淤塞了河道。每年雨季到来时，峨江和其他支流水势骤涨，往往泛滥成灾；雨水不足时，又会造成干旱。远在都江堰修成之前的两三百年，古蜀国杜宇王以开明为相，在岷江出山处开一条人工河流，分岷江水流入沱江，以除水害。

秦昭襄王五十一年（前256），李冰为蜀郡守。李冰在前人治水的基础上，依靠当地人民群众，在岷江出山流入平原的灌县，建成了都江堰。都江堰是一个防洪、灌溉、航运的综合水利工程。

李冰采用中流作堰的方法，在岷江峡内用石块砌成石埂，叫都江鱼嘴，也叫分水鱼嘴。鱼

李冰

李冰是战国时代著名的水利工程专家。他在修完都江堰后，病逝于四川什邡洛水镇，被后人尊为川主。

嘴是一个分水的建筑工程，把岷江水流一分为二。东边的叫内江，供灌溉渠用水；西边的叫外江，是岷江的正流。又在灌县城附近的岷江南岸

筑了离碓（同堆），离碓就是开凿岩石后被隔开的石堆，夹在内外江之间。离碓的东侧是内江的水口，称宝瓶口，具有节制水流的功用。夏季岷江水涨，都江鱼嘴淹没了，离碓就成为第二道分水处。内江自宝瓶口以下进入密布于川西平原之上的灌溉系统，"旱则引水浸润，雨则杜塞水门"（《华阳国志·蜀志》），保证了大约 300 万亩良田的灌溉，使成都平原成为旱涝保收的"天府之国"。

都江堰的规划、设计和施工都具有比较好的科学性和创造性。工程规划相当完善，分水鱼嘴和宝瓶口联合运用，能按照灌溉、防洪的需要，分配洪、枯水流量。为了控制水流量，在进水口"作三石人，立三水中"，使"水竭不至足，盛不没肩"（《华阳国志·蜀志》）。这些石人显然起着水尺的作用，这是原始的水尺。从石人"足"和"肩"两个高度的确定，可见当时不仅有长期的水位观察，并且已经掌握岷江洪、枯水位变化幅度的一般规律。通过内江进水口水位观察，掌握进水流量，再用鱼嘴、宝瓶口的分水工程来调节水位，这样就能控制渠道进水流量。这说明早在 2300 年前，我国劳动人民在管理灌溉工程中，已经掌握并且利用了在一定水头下通过一定流量的"堰流原理"。在都江堰，李冰又"作石犀五枚……二在渊中"（同上），"二在渊中"是指留在内江中。石犀和石人的作用不同，它埋的深度是作为都江堰岁修"深淘滩"的控制高程。通过"深淘滩"，使河床保持一定的深度，有一定大小的过水断面，这样就可以保证河床安全地通过比较大的洪水量。可见当时人们对流量和过水断面的关系已经有了一定的认识和应用。这种数量关系，正是现代流量公式的一个重要方面。

2. 郑国渠

郑国渠是一个规模宏大的灌溉工程。公元前 246 年，秦王政刚即位，韩桓惠王为了诱使秦国把人力物力消耗在水利建设上，无力进行东伐，派水工郑国到秦国执行"疲秦"之计。郑国给秦国设计兴修引泾水入洛阳的灌溉工程。在施工过程中，韩王的计谋暴露，秦要杀郑国，郑国说：当初韩王是叫我来做间谍的，但是，水渠修成，不过"为韩延数岁之命"，为秦却"建万世之功"（《汉书·沟洫志》）。秦王政认为郑国的话有道理，让他继续主持这项工程。大约花了十年时间这项工程才告竣工。由于是郑国设计和主持施工的，因而人们称之为郑国渠。

郑国渠

郑国渠位于今天的陕西省泾阳县。2016 年 11 月 8 日，郑国渠申遗成功，成为陕西省第一处世界灌溉工程遗产。

　　郑国渠工程，西起仲山西麓谷口（今陕西泾阳西北王桥乡船头村西北），郑国在谷口作石堰坝，抬高水位，拦截泾水入渠。利用西北微高，东南略低的地形，渠的主干线沿北山南麓自西向东伸展，流经今泾阳、三原、富平、蒲城等县，最后在蒲城县晋城村南注入洛河。干渠总长近 300 里。沿途拦腰截断沿山河流，将治水、清水、浊水、石川水等收入渠中，以加大水量。在关中平原北部，泾、洛、渭之间构成密如蛛网的灌溉系统，使高旱缺雨的关中平原得到灌溉。

　　郑国渠修成后，大大改变了关中的农业生产面貌，"用注填淤之水，溉泽卤之地"。就是用含泥沙量较大的泾水进行灌溉，增加土质肥力，改造了盐碱地 4 万余顷（相当于现在 280 万亩）。一向落后的关中农业，迅速发达起来，雨量稀少，土地贫瘠的关中，变得"富庶甲天下"（《史记·河渠书》）。郑国渠的修成，为充实秦的经济力量，统一全国制造了雄厚的物质条件。

郑国渠的建设也体现了比较高的河流水文学知识，郑国渠渠首工程布置在泾水凹岸稍偏下游的位置，这是十分科学的。在河流的弯道处，除通常的纵向水流外，还存在着横向环流，上层水流由凸岸流向凹岸，河流中最大流速接近凹岸稍偏下游的位置，正对渠口，所以渠道进水量就大得多。同时水里的大量的细泥也进入渠里，进行淤灌。横向环流的下层水流却和上层相反，由凹岸流向凸岸，同时把比较重因而在河流底层移动的粗砂冲向凸岸，这样就避免了粗砂入渠堵塞渠道的问题。

3. 灵渠

灵渠在今广西壮族自治区兴安县境内，也叫兴安运河或湘桂运河，由于是在秦朝开凿的，又叫秦凿河。秦统一六国后，为了进一步完成统

灵渠

灵渠是世界上最古老的运河之一，被誉为"世界古代水利建筑明珠"。

一局面，在北击匈奴的同时，又南征岭南。公元前 219 年，秦始皇出巡到湘江上游，他根据当时需要解决南征部队的粮饷运输问题，做出了"使监（御史）禄（人名，一名史禄）凿渠运粮"（《史记·主父偃传》）的决定。在杰出的水利家史禄的领导下，秦朝军士和当地人民一起，付出了艰苦劳动，劈山削崖，筑堤开渠，把湘水引入漓江，终于修成了这条运河。这条运河成了打开南北水路交通的要道。

我国长江流域与珠江流域之间，隔着巍巍的五岭山脉，陆路往来已很难，水运更是无路可通。但是，长江支流的湘江上源与珠江支流的上源，恰好同出于广西兴安县境内，而且近处相距只 1.5 公里许，中间的低矮山梁，也高不过 30 米，宽不过 500 米。灵渠的设计者就是利用这个地理条件，硬是凿出一条水道，引湘入漓，蜿蜒行进于起伏的丘陵间，联结起分流南北的湘江、漓江，沟通了长江水系与珠江水系。

灵渠长 30 多公里，宽约 5 米，开凿灵渠，先在湘江中用石堤筑成分水"铧嘴"和大小"天平"，把湘江隔断。在"铧嘴"前开南北两条水渠，北渠仍通湘江，南渠就是灵渠，和漓江相通。湘江上游，海阳河流来的水被"铧嘴"一分为二，分别流入南渠和北渠，这样就连接了湘江和漓江。"铧嘴"类似都江堰的"鱼嘴"。当海阳河流来的水大时，灵渠可以通过大小"天平"等溢洪道，把洪水排泄到湘江故道去，保证了运河的安全。灵渠选择在湘江和漓江相距很近的地段，这里水位相差不大，并且使运河路线迂回，来降低河床比降，平缓水势，便于行船。灵渠的设计和布局都很科学。在世界航运史上占有光辉的地位。

灵渠的渠道工程非常艰巨复杂。南渠一路，都是傍山而流，途中要破掉几座拦路的山崖。尤其是在跨越分水岭，即太史庙山时，更要从几十米高的石山身上，劈开一条河道。这样的工程，在一无先进机械，二无炸药的条件下，全凭双手和简单工具，充分表现了当时人的智慧。

灵渠工程体系完整，设计巧妙，在技术上利用了都江堰的先进经验，充分显示了人民群众的创造才能。

灵渠修成后，在历史上起过重大的作用。秦始皇就在渠成的当年（前214），平服岭南。汉武帝在平定吕嘉的叛乱中，也曾利用这条交通线。灵渠的畅通，还为南北经济文化交流创造了条件。

4.关中地区农田水利

（1）关中漕渠

关中是西汉政治、经济中心，为了有足够的农副产品供应本地区，特别是京师的需要，抓紧兴修水利和发展农业是极其重要的一环。关中素称八百里平川，有肥沃土壤和渭、泾、洛等河纵横流贯其间，充分合理利用这些资源，是发展农业生产的基本条件。元光年间（前134—前129），汉武帝采纳了大司农郑当时的建议，下令引渭水从长安向东开渠直通黄河，渠长300余里，既节省了漕运粮食的时间，又可灌溉民田万余顷。这条工程技术要求较高的漕渠渠道是由水工徐伯选定的。渠道开凿的成功，表明了在复杂的地形中选线及测量技术的巨大成就。

（2）六辅渠

为了使郑国渠旁得不到灌溉的田地也能够得到浇灌，汉武帝元鼎六年（前111），左内史倪宽主持修建了六辅渠，该渠大概是引郑国渠以北的冶峪、清峪、浊峪等几条小河为水渠来"益郑国渠傍高仰之田"（《汉书·沟洫志》）。倪宽在六辅渠管理方面创造性地制订了"定水令，以广溉田"（《汉书·倪宽传》）的合理用水制度，因而扩大了灌溉面积，这是农田水利管理史上的一个重大进步。

（3）白渠

白渠建于汉武帝太始二年（前95），因为是赵中大夫白公的建议，因人而名，故名白渠。这是继郑国渠之后又一条引泾水的重要工程。它首起谷口，尾入栎阳，注入渭河，"中袤二百里，溉田四千五百余顷"（《汉书·沟洫志》）。该渠在郑国渠之南，两渠走向大体相同，白渠经泾阳、三原、高陵等县至下邽（今渭南县东北）注入渭水，而郑国渠的下游注入洛水。白渠的建成对于泾阳、三原一带的大片土地，在改善土肥条件、促进生产发展、提高人民生活等方面取得了巨大成就，因此广大群众对白公也深为爱戴，并编成歌谣广为传颂："田于何所？池阳谷口。郑国在前，白渠起后，举臿为云，决渠为雨。泾水一石，其泥数斗。且溉且粪，长我禾黍。衣食京师，亿万之口。"（同上）可见人民的感激之情，溢于言表。以后白渠与郑国渠合称为郑白渠。

（4）龙首渠

这条渠大约是在汉武帝元狩到元鼎年间（前120—前111）根据庄

龙首渠
龙首渠位于陕西省，修建于西汉武帝年间。是中国历史上第一条地下水渠。

熊罴的建议而修建的。这是开发洛河水利的首次工程，征调了 1 万多民工，挖通起自征县（今澄城县）终到临晋（今大荔县）的渠道。据说渠成后，重泉（今蒲城县东南）以东的 1 万多顷盐碱地得到灌溉，每亩能收 10 石粮。

引洛水灌溉临晋平原，就必须在临晋上游的征县境内开渠。可是在临晋与征县间却横亘着一条东西狭长的商颜山（今铁镰山）。渠道穿越商颜山，给施工带来了困难。最初渠道穿山曾采用明挖的办法，但由于山高 40 余丈，均为黄土覆盖，开挖深渠容易塌方，于是改用井渠施工法。《史记·河渠书》记载当时井渠施工法的技术要领是："凿井，深者 40 余丈。往往为井，井下相通行水，水颓以绝商颜，东至山岭十余里间。井渠之生自此始。"开创了后代隧洞竖井施工法的先河。渠道要穿越十余里的商颜山，如果只从两端相向开挖，施工面较少，洞内通风，照明也有困难。若在渠线中途多打几个竖井，这样既可增加施工工作面，又能加快施工速度，同时也改善了洞内通风和采光的条件。井渠法无疑是隧洞施工方法的一个创新。同时，龙首渠的施工还表现了测量技术的高水平，它在两端不通视的情况下，准确地准定渠线方位和竖井位置，这也是难能可贵的。在施工中掘出了恐龙化石，因而渠道叫作龙首渠。

经十余年的时间，龙首渠建成了，可惜并未实现原定的设想。失败的原因可能是由于当时井渠未加衬砌，井渠通水后，黄土遇水坍塌，因而导致了工程的失败。但在 2000 多年前，确实表现出当时测量、施工技术的高水平。

5. 新疆的坎儿井

汉代尤其是汉武帝的主要功绩之一是开发了广大的西北地区。当时把移民实边和修渠屯田作为抗击匈奴侵扰的组成部分，这时西北地区成为仅次于关中的水利重点地区，水利工程技术水平也大大提高。新疆特殊的水利工程形式——坎儿井——也创始于西汉。据《汉书·西域传》记载：宣帝时"汉遣破羌将军辛武贤将兵万五千人至敦煌，遣使者按行表，穿卑鞮侯井以西，欲通渠转谷，积居庐仓以讨之"。三国人孟康注解"卑鞮侯井"说："大井六，通渠也，下流涌出，在白龙堆东土山下。"可以看出，这个工程有六个竖井，井下通渠引水，显然是近代的坎儿井。坎儿井是新疆特有的灌溉取水工程形式。在新疆一些冲积扇地形地区，土壤多为砂砾，渗水性很强，山上雪水融化后，大部渗入地下，地下水埋藏也较深，为了将渗入地下的水分引出，供平原地区灌溉，开挖井渠是比较方便的。而井渠技术已在龙首渠的施工中应用，新疆劳动人民大约吸收了井渠法的施工经验，并将它引用到新的地理条件下，创造出新型的灌溉工程形式。

6. 南阳水利

秦汉时期，长江流域的灌溉以汉水支流唐白河发展最为显著。唐白河的灌溉那时以今河南的南阳、邓州、唐河、新野一带较为发达。

汉元帝时，南阳太守召信臣对这一带水利有特殊贡献，据《汉书·召信臣传》记载，召信臣"行视郡中水泉，开通沟渎，起水门提阏（提阏即堤堰）凡数十处，以广溉灌，岁岁增加，多至三万顷，民得其利，畜积有余"。在他领导下，几年之内，建设引水渠数十处，灌溉面积约合今 200 多万亩，成绩是十分可观的。召信臣不仅注意新建工程，而且也重视灌溉管理。为了合理地调配用水，他制定了"均水约束"，也就是今天的灌溉用水制度。由于发展了水利，再加上其他措施，南阳地区面貌有了较大的改观，"郡中莫不耕稼力田，百姓归之，户口增倍"。召信臣因而受到老百姓的拥戴，被誉为"召父"。

六门堨（又称六门陂）是召信臣兴建的数十处工程中最著名的一处，它位于穰县（今邓州）之西，兴建于建昭五年（前 34）。该工程雍遏淠水，设三水门引水灌溉。元始五年（公元5）又扩建三石门，合为六门，因而称之为六门堨。六门堨"溉穰、新野、昆阳三县五千余顷"（《水经·淯水注》），是一个具有相当规模的大灌区。

六门堨在西汉末年修有石质闸门六座，修建闸门可以控制河流水位的涨落，是我国古代水利工程的一大进步。

东汉时期，南阳水利进一步兴盛。建武年间（公元25—55），杜诗任南阳太守，他很重视发展农业，"修治陂池，广拓土田，郡内比室殷足"（同上）。杜诗并曾发明"水排"，水排是我国早期水力利用的重大成就，对后世发展水力机械具有重大意义。因召信臣、杜诗对发展南阳水利有功，被群众称为"召父""杜母"。

7. 汝南水利

汝南地区位于淮河支流汝水流域。这一带的水利工程在两汉时期以鸿隙陂最著称。鸿隙陂位于今河南正阳、息县间，亦即淮水和汝水之

鸿隙陂
鸿隙坡是位于今淮河干流与南汝河之间的河南省正阳县和息县一带的古代大型蓄水灌溉工程。

间。东汉初年，邓晨任汝南太守，他委派懂得水利的许杨为都水掾，用好几年的时间修堤400余里，恢复了鸿隙陂。百姓得到灌溉的利益，连年丰收。

汉代在汝南地区的类似鸿隙陂的陂塘灌溉工程相当普遍。永平五年（公元62），汝南太守鲍昱因"郡多陂池，岁岁决坏，年费常三千余万"（《后汉书·鲍昱传》），于是建议用石料修建渠道，加固堤段，效果显著。当时在工程维修时"作方梁石洫，水常饶足，溉田倍多，人以殷富"（同上）。方梁、石洫起到了显著的效果。晋人郭璞解释"梁"字说："梁，堤也"（《尔雅·释地》注），方梁大约是断面较大的堤防，因堤防较宽，梯形断面近于方形，故谓之方梁。石洫大约是石砌渠道，石砌的用意是防冲和防渗，防冲的作用显而易见，防渗一来可以防止农田出现次生盐碱化，二来可以节约灌溉用水，因而在相同的引水条件下出现"溉田倍多"的效果。石洫亦即渠道衬砌，它的出现，标志着渠道建设的新进步。

8. 治黄事业

战国时黄河两岸已修建有连贯的堤防，不过堤防分属有关各国。秦统一六国后，黄河大堤开始实施系统合理整治。秦始皇于三十二年（前215）东游碣石，在他刻石纪颂统一的功德时，曾特别指出："初一泰平，堕坏城郭，决通川防，夷去险阻。"（《史记·秦始皇本纪》）"决通川防，夷去险阻"，即指改建不合理的堤防，从而使旧有的险工段化险为夷。这可能包括统一整治黄河大堤。

西汉初年，黄河还比较安定，唯一的一次泛滥记载是在汉文帝十二年（前168），那一年，"河决酸枣，东溃金堤"（《史记·河渠书》）。酸枣在今河南延津县，决口后曾派许多民工前往堵口，从而揭开了治黄的序幕。

武帝时，河决频繁，引起了人民的不满。元封二年（前109），汉武帝下决心堵塞决口，命令汲仁、郭昌主持，动用几万民工参加。为了堵口的需要，竟连"淇园"（战国卫国的苑囿）里的竹子都砍下来使用。通过群众的英勇奋战，决口终于被堵塞了，并在其上修建宣防宫，这就是著名的瓠子堵口。汉武帝在决口现场，当口门尚未堵成时，曾赋诗说"颓林竹兮楗石菑，宣防塞兮万福来"，所说"颓林竹"，即指砍淇园之竹作堵口材料的事。这次堵口也给司马迁以深刻的体会，他说："余从负薪塞宣防，悲《瓠子》之诗而作《河渠书》。"（《史记·河渠书》）司马迁在《史记》中首创《河渠书》专篇的体例，系统地论述前代治水史实以及当代的防洪、航运和农田水利建设的主要史事。这篇《河渠书》是中国第一部水利专史，并为后世历史专著所效仿，成为中国通史中重要组成部分之一。

瓠子堵口

瓠子堵口是指西汉时黄河上一次大规模的堵口工程。这一著名的黄河堵口以竹为桩，充填草、石和土，层层夯筑而上，最后终于成功。

瓠子决口堵塞没多久，黄河又多次决口。但直到东汉时黄河才得到应有的治理，这就是历史上有名的"王景治河"。

公元11年，黄河在魏郡决口，此后河势越来越恶化，汴渠受冲击，而兖豫地区百姓大受水害，统治者迫于压力，于永平十二年（公元69）派王景治理黄河。

王景，字仲通，与王充为同时代人，《后汉书·王景传》记载，他

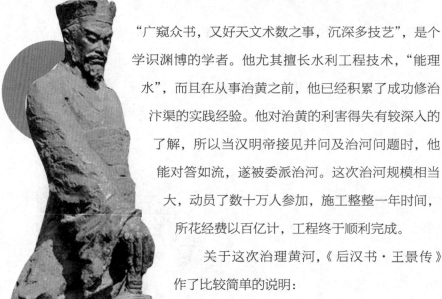

"广窥众书，又好天文术数之事，沉深多技艺"，是个学识渊博的学者。他尤其擅长水利工程技术，"能理水"，而且在从事治黄之前，他已经积累了成功修治汴渠的实践经验。他对治黄的利害得失有较深入的了解，所以当汉明帝接见并问及治河问题时，他能对答如流，遂被委派治河。这次治河规模相当大，动员了数十万人参加，施工整整一年时间，所花经费以百亿计，工程终于顺利完成。

关于这次治理黄河，《后汉书·王景传》作了比较简单的说明：

（永平十二年）夏，遂发卒数十万，遣（王）景与王吴修渠（汴渠）。筑堤自荥阳东至千乘（今山东利津）海口千余里。景乃商度地势，凿山阜，破砥绩，直截沟涧，防遏冲要，疏决壅积。十里立一水门，令更相洄注，无复溃漏之患。景虽简省役费，然犹以百亿计。明年夏，渠成。帝亲自巡行，诏滨河郡国置河堤员吏，如西京旧制。

从上面这段史料看，这次治河工作包括："筑堤"，即治河；"修渠"，即治汴两方面。"筑堤自荥阳东至千乘海口千余里"，即修筑系统的黄河大堤，从而固定了黄河大改道后的新河线。"凿山阜，破砥绩，直截沟涧，防遏冲要，疏决壅积。"这一段文字说的是"修渠"的工程措施，即开凿汴渠的新引水口，堵塞被黄河洪水冲成的汴渠附近的沟涧；加强堤防险工段的防护；将淤积不畅的渠道上游段加以疏浚等。这些技术在西汉都已具备，并没有技术上的困难。在筑堤、修渠之后，再"十里立一水门"，这样一来就达到了"河、汴分流，复其旧迹"（《后汉书·明

王景

王景是东汉时期著名的水利工程专家。

帝纪》)的目的。

王景治河取得了重大成就,技术上也有新的创造。这主要表现在:第一,系统地修建了千里黄河大堤,稳定了公元11年决口后的黄河河床。堤防建成当年,汉明帝即下令:"滨河郡国置河堤员吏,如西京旧制",加强对黄河下游全线堤防的维修和管理。这条新的黄河行洪路线比较径直,是黄河下游距海最近的路线,河流比降大,水流挟沙能力强,是一条理想的行洪路线。第二,整修了汴渠。汴渠整修工程除整修堤防、河道外,主要集中在口门处。这次施工中发展了前代水门技术,总结了"十里立一水门,令更相洄注"的办法,在多沙河流上采用多水口形式引水的技术。由于汴口水门成就突出,所以元和三年(公元86)当地百姓在盛赞王景治河的功绩时特别指出:"往者,汴门未作,深者成渊,浅则泥涂。追惟先帝,勤人之德,厎绩远图,复禹弘业。"(《后汉书·章帝纪》)

关于王景治河的工程技术,近人李仪祉指出:"这是一个河、汴兼顾而分治的伟大工程。汴在荥阳接受河水,有一段与河并行,相去不远。河与汴各自有堤。所谓'十里立一水门',当是开在河与汴之间的汴堤上的。河水涨时,含泥沙的浊水注入汴。汴水上涨,水由各水门注入河汴二堤之间,这样可使洪峰不致过高,不致危害堤岸。涨水从上游开始,所以通过汴堤水门,注入河、汴二堤之间的水,也是从上游的水门先注入。从第一个水门注入二堤之间的水,其流速已稍缓于汴渠正流,流至第二个水门时,受着从第二个水门注入的水的顶托,流速又降低,如此经过第三、四、五、六等水门而流速更缓,水中泥沙沉淀,二堤之间的地淤高,落水时,二堤之间的已经沉淀掉泥沙的清水,又通过各水门,回注入汴渠,使正槽水量增加,可以刷深河漕。这就是'令更相洄注,无复溃漏之患'的道理。这是一个合乎科学原理的非常巧妙的方法。在黄河入海的最后一段改为八道，让部分洪水越过减水坝，减低洪水压力以免溃决，这就是所谓'疏导壅积'，也是很高明的方法。自经王景治河后，历经魏、晋、南北朝、隋、唐，"八百多年没有大患"[1]。

9. 鉴湖水利

鉴湖又称镜湖，是长江以南最古老的大型灌溉工程之一，位于今浙江绍兴县境。东汉永和五年（140），由会稽太守马臻主持修筑了鉴湖，该工程就是在各分散的湖泊下缘修筑一道长围堤，形成一个蓄水湖泊，即鉴湖。

鉴湖水利首次记载于刘宋时期孔灵符所著的《会稽记》中，"顺帝永和五年马臻为太守，创立镜湖，在会稽、山阴两县界。筑塘蓄水，水高（田）丈余，田高海丈余。若水少则泄湖灌田，如水多则闭湖泄田中水入海，所以无凶年。其堤塘周回三百一十里，都溉田九千余顷"。这样，鉴湖的巨大容积可以起到对山溪来水的储存和调节作用，初步解除了这一带的洪水威胁，其中，湖水高于农田、农田又高于海面的高程关

---

① 李仪祉：《后汉王景理水的探讨》，《水利月刊》第 9 卷第 2 期，1935 年 8 月。

鉴湖
如今，鉴湖是一处适合观光游览、休闲度假的江南水乡风景名胜区。

系，为农田灌溉和排水提供了前提条件。以后又在湖堤上建了水门，这是控制灌溉和排水的设施，它根据田中需水量进行调节，天旱时泄湖水灌溉，无雨时则将水门关闭，保证了万顷农田的灌溉需要。

10. 其他水利工程技术

秦汉时期的水利工程技术，除上面介绍的外，还有"渡槽"及"坝工"技术。

渡槽：汉长安县（今西安市长安区）西南有"飞渠引水入城"（《水经·渭水注》）的工程。飞渠者，顾名思义是一条渡槽，其渡槽尺寸多大，用何材料修建，均未见记载。飞渠修建的具体年代也难以断定，大约是西汉时的建筑。它是见于记载的我国第一条渡槽。

坝工：《论衡·率性篇》载："洛阳城中之道无水，水工激上洛中之水，日夜驰流，水工之功也。"这是洛水上的工程。同样的工程措施在河套地区也曾采用，《后汉书·西羌传》载："既而激河浚渠为屯田，省内郡岁费一亿计。"什么是"激"呢？《淮南子·诠言训》上说："使水流下，孰弗能治；激而上之，非巧不能。"由此看来，"激"是修建横断河床的潜水坝，用以抬高水位，引水之渠。另一意义的"激"在河工中应用更广，永初七年（113）在黄河荥口处建八激堤，"于石门东积石八所，皆如小山，以捍冲波，谓之八激堤"。贾让在论述今河南北部一带黄河堤防时，也提出利用石堤激河水改变流向，"激使东抵东郡平刚"，"又为石堤激使东北"（《汉书·沟洫志》）。唐代颜师古注解"激"字说，"激者，聚石于堤旁冲要之处，所以激去其水也"，河工上的"激"，显然是近代的挑水坝。

总之，秦汉时期是我国古代农田水利发展的重要时期，特别是在技术水平上，有许多重要的新创造，为农业的发展提供了很好的水利条件。

七/

我国临床医学
理论的奠基时期

（一）秦汉医药学概述

秦汉时期医学发展的总趋势是《内经》的基本理论进一步在实践中加以验证、充实和发展，使理论和实践逐步结合起来，能更好地为临床治疗服务。《内经》的医学理论，虽然已基本上形成了一个比较完整的体系，但许多地方还缺乏更充实的实践经验，特别是在药物方剂的运用方面经验更少，因此基本理论和临床实践之间脱节。如理论上虽然认识到各种疾病的基本病变是虚实、寒热，应该按补虚泻实、清热温寒的原则来治疗；但是哪些药物、方剂能起到补或泻、清或温的作用，没有长期的实践经验是很难总结出来的。而这些问题不解决，这些治疗原则就不可能充分运用，原则本身也很难更加具体而明确。《内经》虽然提出补虚泻实的原则，但主要讨论的是针灸手法，很少涉及药物的补泻；对于寒热的病变，则只提到"阳病治阴，阴病治阳"的笼统原则，清热温寒的具体原则根本未提。这些都说明理论和实际的完全结合，尚有相当的距离。而秦汉医学的发展，主要是填补了这个缺陷。

秦汉医学的成就，主要表现在两个方面：一是药物方剂的进步，二是对疾病的认识更进一步着重在本质方面（即病机病变方面）来探讨。经过400多年的经验积累，最后初步建立了根据病机病变进行治疗，即后世所说的"辨证理论"的临床理论体系。这就使《内经》的基本理论和临床实践更紧密地结合起来，开辟了以后中医发展的健康的、富有民族特点的道路。

战国时代，方剂虽然已经发明，但一般治疗仍以针石等外治疗法为主。到西汉初，以方治病才成为主要手段。《史记·扁鹊仓公列传》记载仓公治病的事迹就不但以方为主，而且许多方剂已有了固定方名。《汉书·艺文志》载录医书11家274卷，并且把医书分成《医经》和《经方》两大类。东汉官府更设立了专门官方的机构，即"方丞"。可见中医以方治病的特点在汉代就完全形成了。1930年在甘肃居延发现的汉简，其中一部分就是记载医药的。

方剂的进步，必须以对药物认识的进步为基础。《汉书·楼护传》载："护少随父为医长安，出入贵戚家。护诵医经、本草、方术数十万言。"可见记载药物的专书"本草"，不但在西汉已经出现，而且已经达到和医经、方术三足并立的地步。《汉书·平帝纪》载，平帝于元始五年（公元5）曾"征天下通知逸经、古记……《本草》及以《五经》者，遣诣京师，至者数千人"。可见《汉书·艺文志》虽没有本草书的记载，但西汉已有许多本草书籍的存在则是可以肯定的。现在流传下来的只有一部《神农本草经》。

秦汉时的针灸治疗，仍然占着重要地位。从秦汉之际的淳于意到东汉的华佗、张仲景等都是针、药并用的医生。而据《后汉书·郭玉传》记载，郭玉和他的隔代老师涪翁则更是专以针灸治病的。据说涪翁还有专书《针经》的著作。根据西晋皇甫谧著的《甲乙经》知道，汉代针灸有了很大的进步，也是向便于临床实践的方向发展的。河北满城发掘的西汉刘胜墓，出土了药匙、药壶和金针、银针等一些医疗用具，反映了当时针灸、药物应用的情况。

秦汉时期的医学理论，主流是基本理论和临床实践相结合，但是基本理论本身，却受到当时阴阳五行说神秘化的影响，再由于统治者提倡道家学说，道家学说更向宗教迷信方向发展，道家的"养生"法也流于腐朽，于是神仙、方士、炼丹、服石，甚至房中术、巫医等纷纷流行。如秦皇、汉武，就千方百计想寻求长生不老之法。社会上也出现了一批自称持有长生之药或有特殊法术的"方术之士"，同时也出现了一批修行成道的"神仙"。这些人所用的方法都不外采药、炼丹、服石、房中术、按摩等，于是这方面的著作也就大量出现，和一般医学著作并列流传。如《汉书·艺文志》把方技列为一类，而分医经、经方、房中、神仙四种。这种情况，对中医理论的发展起了阻碍作用，使得由《内经》和《伤寒杂病论》奠定的中医理论基础，在以后的 1000 多年里没有什么发展。

（二）病历的首创者淳于意

秦汉时期良医辈出，淳于意便是其中杰出的一位。淳于意（约前 205—前 167），山东临淄人，因曾做过齐国的太仓长，故被称为仓公或太仓公。

淳于意自幼爱好医学，26 岁时曾拜同乡公乘阳庆为师。受业三年，尽得所传。又读过许多脉书和药论，故医术精湛。淳于意为人刚直不

淳于意
淳于意精通医道，辨证审脉，积累了许多治病的经验。

阿，因他不愿给某些贵族治病而获罪，于文帝四年（前176）被解送长安，幸得小女缇萦上书，表示愿"身为官婢以赎父刑罪"，得免刑，以后即家居，以看病谋生。

淳于意给人看病注重病历记述。凡患者姓名、职业、地址、病名、脉象、病因、治疗、用药、疗效、预后等，皆作详细记录。这就是《诊籍》。《史记·扁鹊仓公列传》记载了淳于意所述"诊籍"25案，有成功的经验，也有失败的病例。这是我国最早见于文献记载的医案。其体例内容，实为后世病历医案的创始。在这些医案中，所记病名有疟、气膈、涌疝、热病、风瘅、肺消瘅、遗积瘕、迥风、风蹶、热蹶、肾痹、蛲瘕以及伤脾气、肺伤等。所论病因，以房事及饮酒最多，其次为过劳出汗、风寒湿等外邪。诊断则以脉诊为主，认为只有"起度量，立规矩，称权衡，合色脉表里有余不足顺逆之法，参其人动静与息相应，乃可以论"。其论脉的变化有"肝气浊""肺气

《诊籍》
诊籍也就是医案，现在叫病历。

热""长而弦""右口气急""脉无五脏气""阴阳交""沉之而大坚"等。论病机病变则有"络脉有过""病主在于肝""重阳""中热""血不居其处""阴气尽而阳气入"等。这些方面，虽然也用针灸，但大部分已是

用方药了。所用方药有下气汤、火齐汤、苦参汤、柔汤、火齐米汁、丸药等。

（三）《神农本草经》

《神农本草经》
《神农本草经》是中医四大经典著作之一，也是现存最早的中药学著作，更是对中国中医药的第一次系统总结。

"本草"是我国传统医学中药物著作的专称。《神农本草经》是我国现存最早的本草学专著。一般认为其成书年代是西汉，称"神农"不过是假托而已。《神农本草经》是我国药学史上对药物第一次进行比较全面、系统地分类著录的著作。它是战国、秦汉以来药物知识的总结，而不是出于一时一人之手，对后世药物学的发展有很大影响。

《神农本草经》共收药物365种。其中以植物药最多，计252种，动物药67种，矿物药46种。根据药物的性能和使用目的的不同，又分上、中、下三品。上品药物120种，"无毒，多服久服不伤人"；中品120种，"无毒有毒，斟酌其宜"；下品125种，"多毒不可久服"。这是我国药物学的最早分类法。以后的历代本草著作，即相沿引用此法。三品分类法明显受到当时服石成仙思想的影响，认为"欲轻身益气不老延年者，本《上经》"。但从每一品的细目看，仍是按药物的自然属性分为玉石、草、木、兽、禽、虫、鱼、果、米谷、菜等部排列的，这是科学的。书中还明确地提出了医方中主药和辅助药之间的"君、臣、佐、使"理论，同时还提出了药物七情（单行、相须、相使、相畏、相恶、相反、相杀）理论，阐明了药物配伍的原则。另外，书中还提出"药有酸、咸、甘、苦、辛五味，又有寒、热、温、凉四气"的"四气五味"说；不同的药物有"宜丸者、宜散者、宜水煮者、宜酒渍者、宜膏煎者，亦有一物兼宜者，亦有不可入汤酒者，并随药性，不得违越"的制剂原则；以及有关"真伪""陈新""生地所出""采造时月"和"阴干、暴干""生熟"的不同炮制方法等许多药物学的基本原则。这些为我国药物学的发展奠定了基础。

该书对每一味药的记载都较详细，其中包括有药物的主治、性味、产地、采集时间、入药部分、异名等。书中还提到主治疾病的名称达170多种，包括内科、外科、妇科以及眼、喉、耳、齿等方面的疾病。如书中有60多种药明确记载了主治妇人、女子的各种疾病，包括通乳、阴蚀痛、崩漏、不孕、堕胎、闭经、白带、乳痈、安胎、痛经等。书中所载药物的药效，经过长期临床实践和现代科学研究，证明绝大部分是正确的。如利用水银治疗疥疮，麻黄治喘，常山截疟，黄连止痢，大黄泻下，莨菪治癫，海藻疗瘿瘤（甲状腺肥大）等，已为现代科学研究所证实，至今仍具有一定的实用价值。

从此书所涉及的有关炼丹术的一些记载，可以看到当时已经观察到了一些无机化学变化。如：

① 丹砂，能化为汞。丹砂又名朱砂、辰砂等，是汞和硫的化合物，加热则发生化学变化，生成二氧化硫和汞。

$$HgS \ + \ O_2 \ \xrightarrow{\text{加热}} \ SO_2 \ + \ Hg$$

（丹砂）　　　　　（二氧化硫）（汞）

② 曾青，能化为铜。曾青是蓝色铜矿物，化学上称为碱式碳酸铜，其组成为 $[Cu(OH)_2 \cdot 2Cu(CO_3)]$，在一定条件下能与其他活性强的金属起作用，提取出铜。特别是用木炭与之混合后加热，则起还

原反应而提取出铜来。

$$[Cu(OH)_2 \cdot 2Cu(CO_3)] + C \rightarrow Cu + CO_2 \uparrow$$

（曾青） （木炭） （铜） （二氧化碳）

其他还有空青、石胆、水银等的化学变化现象，书中均有记载。

《神农本草经》问世后，对我国医药学起了很大的促进作用，历代修撰本草的医家多以此为基础。陶弘景在此书的基础上加以编撰成《本草经集论》，苏敬等人又加工撰成《新修本草》，药物越来越多，解释越来越详细。

（四）医圣张仲景与《伤寒杂病论》

《汉书·艺文志》记载，汉成帝河平三年（前26），侍医李柱国校订官府收藏的医书时，就有"医经七家，二百一十六卷"，"经方十一家，二百七十四卷"。其中有记述基础理论的医经，有治疗内科疾病、妇人婴儿疾病的方书，有治疗战伤和破伤风的《金创瘲瘲（音纵斥，惊风）方》，还有专论汤药、饮食禁忌以及按摩、导引的书籍。这是医药学自春秋战国以来又有了新发展的很好说明。正是在劳动人民和无数医家的医疗实践中取得的丰富资料的基础上，张仲景于3世纪写成了《伤寒杂病论》一书，确立了理、法、方、药（即有关辨证的理论、治疗法则、处方和用药）具备的辨证论治的医疗原则，使我国医学的基

《伤寒杂病论》

《伤寒杂病论》是中国第一部理法方药皆备、理论联系实际的中医临床著作。被认为是汉医学的代表性作品，奠定了中医学的基础。

础理论更加切合临床应用，从而奠定了中医治疗学的基础。

张仲景，名机，南阳郡涅阳（今河南南阳）人，约生于东汉桓帝和平元年（150），死于东汉献帝建安二十四年（219）。《后汉书》中没有为他立传，后人认为他少年时曾随同郡名医张伯祖学医，后来官至长沙太守，但此事并不一定属实。据说他刚刚成年时同郡何颙就指出了他的特点是："用思精而韵不高，后将为良医。"后来果如其言，张仲景成为汉代最有名的医学家之一。在《伤寒杂病论·自序》中，他申明了"勤求古训，博采众长"的严谨治学精神和重视继承前人的医药学成果的科学态度。他十分推崇与熟悉扁鹊、公乘阳庆、淳于意等医家的工作与贡献，而《素问》《九卷》（即《灵枢》古本名）、《八十一难》（即《难经》）、《阴阳大论》《胎胪药录》等古典医籍，则是他的重要参考书籍。他提倡"精究方术"，反对"各承家技，终始顺旧"，提倡以认真严肃和精益求精的态度从事医疗实践。这些都是张仲景在医学上得以做出重要贡献的治学原则。

最初，张仲景在家乡为人治病。后来，曾到洛阳、修武等地行医。他善于运用"经方"给人治病。"经方"是前辈人留下来的经验方药，药味简单，疗效显著，但是比较零散，不容易掌握。张仲景经过多年勤奋求索，并且用这些经方治愈了很多病人。他在群众中有"经方大师"之称，名望也很高。

张仲景的医疗态度是十分认真的。他在行医过程中，常常见到有些医生给人看病，"按寸不进尺，握手不及足"，敷衍搪塞，草率处方，单凭一张巧嘴骗人。对这种不负责任的态度和庸医作风，张仲景非常反感。他在看病的时候，总是先仔细观望病人气色，察听病人发出的各种声音，询问病人的感受，并且结合切脉，对病情进行综合分析，然后做出确切诊断。

王粲

王粲是东汉的文学家、诗人，其诗赋为建安七子之冠。在文学上，王粲与孔融、徐干、陈琳、阮瑀、应玚、刘桢并称"建安七子"。

张仲景的诊断技术是很高明的。据《伤寒杂病论》及《针灸甲乙经》两书的自序记载，张仲景有一次遇到"建安七子"之一王粲，见他脸色不好，就对他说：你已经染上病了，应及早治疗，马上服用五石汤，或许可除病根，否则40岁会掉眉毛，那时不仅不容易医治，此后半年命将不保。时王粲年仅20，正春风得意，听后非常不高兴。认为张仲景是在炫耀自己的医术，也没有吃张仲景给他的药。三天后两人又相遇，张仲景问他是否吃过药了。王粲虽心中不快，但还是敷衍说，已经吃过了。张仲景责备说，从你的脸色可以看出你并没有老实吃药，你为什么这样讳疾忌医，又为什么如此不爱惜自己的生命呢？可王粲仍不在乎，自以为身体健康，始终不相信张仲景的话。20年后王粲果然落眉。这时想再治病可就来不及了，此后只活了187天。王粲所患疾病，有人推测，可能是麻风病。这是一种潜伏期限很长的传染性疾病，不容易诊断，也很难治愈。张仲景对一些病程比较长的严重慢性疾患能够做到早期发现，主张早期治疗，表明他的医术非常精湛。

张仲景被尊为医圣，主要是因为他写了一部《伤寒杂病论》。此书被后世称为我国第一部理、法、方、药具备的经典著作。据此书原序记载，张仲景家族人口众多，但几年之中竟有三分之二的家人患病死亡，其中又尤以患伤寒病者为最多。痛苦的现实，激起了他著书立说、治病救人的信念，于是撰《伤寒杂病论》16 卷。

《伤寒杂病论》是我国第一部理、法、方、药兼备，理论和实践紧密结合的临症诊疗专著，它的内容十分丰富。在这部著作中，张仲景以朴素的唯物主义为指导，总结和发展了祖国的病因学说。当时，求巫问卜之风盛行，统治者一面提倡谶纬迷信，认为鬼神能主宰人的生死祸福；另一方面竭力散布"天人感应"等神学目的论，用阴阳五行说来解释疾病的发生。如说"逆木，则百姓流行疥癣、热病；逆火，则百姓发生血壅成肿、眼病……"使医学蒙上一层神秘主义的色彩。张仲景根据多年的实践经验，从朴素的唯物主义自然观出发，明确指出："千般灾难，不越三条：一者，经络受邪入脏腑，为内所因也；二者，四肢、九窍、血脉相传，壅塞不通，为外皮肤所中也；三者，房室、金刃、虫兽所伤。以此详之，病由都尽。"这就充分说明了人体发病的原因，是由内部器官机能的改变，或外邪的入侵，或物理因素等所致，和天命鬼神毫不相关。

由于张仲景对疾病的发生有正确认识，因此他对一些变化无常、发展迅速的疾病能够做出科学的解释。例如癔症（歇斯底里）是妇女易患的一种病，发病的时候感情冲动，喜怒无常，"象如神灵所作"，一些人以为鬼神附体作怪，张仲景在《妇人杂病》部分分析了这种病，指出这种病是由妇女带脉病所致，"非有鬼神"，只要仔细判断，用针、药医治，是可以"治危得安"的。

张仲景还很重视疾病的预防，主张"治未病"。认为人和自然界息息相关，发病与否，和人体是否能适应外界环境以及四季不正常的气候变化有密切关系。如果一个人能够保持体内正气旺盛畅达，外邪就不容易侵入体内，不致发病。所以他指出，只要饮食有节，起居有常，劳逸适当，注意锻炼，讲究卫生，内养正气，外慎风邪，就可以预防疾病，保持身体健康。这些见解，是很符合科学道理的。

张仲景在自己的著作中，还以古代辩证法为指导，进一步总结了前人的临症经验，特别深入地探讨了一切外感发热病的诊断和治疗，创造性地提出以"六经"辨伤寒、以脏腑辨杂病的"辨证论治"的医疗原则，确立了理、法、方、药紧密结合的比较完整的理论体系，为中医学术的发展打下了基础。一直到现在，"辨证论治"仍是中医诊断治疗的核心部分。

张仲景所说的"伤寒病"并非现代医学的"肠伤寒"，而是泛指外感风寒导致的种种症状，甚至包括了许多内、妇、儿、外科的杂病。《伤寒杂病论》，总结了秦汉 300 多年的临床实践经验，和《内经》的基本理论联系起来，并且把它加工充实和发展，或纠正了它的某些不合理的部分，使它更好地应用于临床，为实践服务，开创了我国古代医学健康发展的道路，其具体表现主要有以下几方面：

第一，大大充实和发展了《内经》的热病学说。热病是泛指以发热为主要症状的一类疾病，基本上包括现在的各种急性传染病。《内经》认为它的原因是伤寒，张仲景就把这类疾病直接叫作"伤寒"。《内经》对这类疾病的发展过程、主要症候、治疗原则等都已有了基本的认识，但它把病程简单地归结为 12 天，而且认为是机械地一天传一经，治疗原则是三日以内用汗法，三日以上用下法；对本病的不同表现则又按五脏加以分型。这些都是简单、机械、不合实际情况的。张仲景基本上采取了它六经转变的总原则，并根据病邪侵害经络、脏腑的程度，把外感热病发展过程中各个阶段的综合症状概括为六大类型，就是太阳、阳明、少阳（即三阳）和太阴、少阴、厥阴（即三阴）"六经"。在每一经中，又概括出某些能反映病理机制的基本症状作为辨识本经病的主要依据，这是主症。例如，太阳病的主症是恶寒、发热、头项强痛、脉浮等；阳明病的主症是高热、谵语、口渴、咽干、大便燥结、脉象洪滑有力等；少阳病却以口苦、咽干、目眩、往来寒热、胸胁苦痛、心烦喜呕、脉象弦细等作为主症；等等。这是根据症状就能断定病属哪一类。

张仲景以朴素的辨证观点看待疾病的发展，认为"六经"病的任何一个类型都不是一种独立的病，而是外感热病在整个发展过程中的某个阶段所呈现出的综合症状。也就是说，"六经"之间有一定的有机联系，并且能互相转变。例如一般伤寒初起多呈表征，属太阳病。但是往往由于感受的病邪不同，病人体质强弱不同，或因医疗失误，就可能由太阳病转变为阳明病、少阳病或太阴等三病。一般说来，从三阳病转成三阴病表明病势加重，相反由三阴病转成三阳病却预示好转。张仲景把这种按"六经"次序演变的病情变化叫作"传经"（"传变"），不按六经次序演变的叫"越经"（"转属"）。更重要的是张仲景在指出"六经"的特点后，就紧接着提出不同的处理方法。如太阳病同属表征，有的用麻黄汤发汗，有的则用桂枝汤调和营卫。阳明病同属里征，有的用白虎汤清热，有的用承气汤泻实。而泄实的办

麻黄汤

麻黄汤是中医的方剂名，具有发汗解表、宣肺平喘之功效。麻黄汤的主要成分是麻黄、桂枝、杏仁、甘草。

法又有大承气汤、小承气汤、调胃承气汤的不同。这样就不但使临床医生便于具体掌握运用，而且使《内经》的基本病变学说和临床实践紧密地联系起来了。

第二，奠定了中医"辨证论治"对病机病变进行治疗的一种临床

基本理论。即根据病变的表、里、阴、阳、虚、实、寒、热等不同情况，决定治疗原则，这就是被后人称为"八纲"的辨证论治方法。张仲景把那些病势沉伏而难于发现，恶寒、厥冷、脉象沉迟细弱无力的称为阴征，而把那些兴奋、充血、发热等症候和脉象洪大有力浮滑的称为阳征；病征发生在体表的称为表症，在内部的称为里征；凡病毒滞留体内，而精气已经虚弱的称为虚征，邪气充实，但精力仍足以抵抗称为实征；具有寒性倾向的称为寒征，有热性倾向的称为热征。在"八纲"之中，又以阴阳作为总纲，凡寒征、虚征、里征一般是阴病，凡热征、实征、表征一般是阳病。运用"八纲"来辨识疾病属性（属阴属阳），确定病变部位（在表在里），区分邪正消长（是虚是实），弄清病态表现（发寒发热），就可以全面认识疾病，有的放矢，以便采用合理的疗法。

张仲景这种把通过"四诊"（望、闻、问、切）得来的病人各方面的表现加以综合归纳、层层分析、仔细辨认、做出正确判断的方法，就是所谓"辨证"，他把秦汉以前的诊断技术提高到了一个新水平。如表症用汗法，里征用下法，虚征用补、实征用泻、热征用清、寒征用温等。这些原则，在《内经》里已经基本形成，但由于各种病变的指证还不够明确和具体，特别是药物治疗方法还比较简单，不能完全按这些原则进行治疗，因此在临床实践上很难充分运用，只有在有了上述各方面的进步和发展，才能使这些原则具体实行，使这种理论能够确立。所以这也是张仲景的一个重大贡献。张仲景还总结出了一套治疗原则和治疗方法，就是所谓"论治"。他把治疗原则分做驱邪和扶正两大方面，就是一些发病急剧、人体还消耗不大的疾病，例如"三阳病"，就宜以驱邪为主，迅速消除病灶；而对于一些发病缓慢或病程长久，体力消耗比较大的疾病，例如"三阴病"，就以扶正为主，就是恢复病人的抗病能力，调动人体本身的积极因素。除此以外，他还提出了"随症治疗"的原则，主张"缓则治其本，急则治其标"，把严格的规律性同必要的灵活性结合起来。但必须指出的是，《伤寒杂病论》是一部条文式的临床札记性的著作，而且经过散乱，是别人重新整理编定的。既没有系统的专门的论述，每条条文也不是都加以明确的说明，再加上条文本身有散失、有倒置，所以一般人很难具体掌握。如本书第一条上说"太阳之为病，脉浮、头项强痛而恶寒"，并没有指示虚实寒热等何种病变，也没有治法。第十三条又说"太阳病，头痛、发热、身痛、腰痛、骨节疼痛、恶风、无汗而喘者，麻黄汤主之"。再加上第九十五条"太阳病发热汗出者，此为荣弱卫强，故使汗出……宜桂枝汤"，第十六条"桂枝本为解肌，若其人脉浮紧，发热、汗不出者，不可与之也"，第五十一条"脉浮者，病在表可发汗，宜麻黄汤"。根据以上一些条文以及其他一些条文，才能归纳出：太阳病是表征，出汗的用桂枝汤调和营卫以解肌；无汗的用麻黄汤发汗以解表；前者是表虚症，后者是表实征；前者脉浮缓，后者脉浮紧等这些原则。因此这些原则虽已基本上确立，但还很难普遍推广，直到宋代后又经过很多学者的整理研究，才得到普遍推广，所谓"辨证论治"的理论才最后完成。不过张仲景的奠基之功是不容忽视的。

第三，对热性传染病以外的其他重要疾患也初步纳入"辨证论治"的轨道。如中风、痰饮咳嗽、水病、黄疸、消渴、虚劳等，也都指出了它们的不同类型、病机病变、主要特征和治疗原则，不过这方面的原文可能散失更多，混乱更甚，除其中不少方剂仍为今日使用以外，其实际意义就更不如伤寒部分了。

第四，诊断上确立了脉症并重的原则。《内经》在谈到具体疾病时，有时只凭症状下诊断，有时只凭脉象下结论，脉象和症候联系起来考虑的地方很少，而且彼此矛盾之处也很多。《伤寒杂病论》则大多数的情况下都是脉和症联系起来考虑的。这就开创了以后脉症合参，两者并重的诊断原则。

第五，保存了大量有效的方剂。《伤寒杂病论》共选收 375 个药方，使用药物 214 种，它们大都具有用药灵活和疗效显著的特点。对每一味药的应用都比较明确、谨慎，并指出药物相互配合及增减的原则。对药物的煎法、服法（有温服、冷服、分服、顿服等）也作了详细的规定。在所用剂型上，有汤、丸、散、酒、软膏、醋、洗、浴、熏、滴耳、灌鼻、吹鼻、肛门栓、灌肠、阴道栓等。在制药工艺上，也多有创造，如再煎浓缩和入蜜矫味的方法，散剂中的研磨法、搅拌法和筛法等。由于张仲景汇集了不少药方，保存了民间治病的丰富经验，所以后人称他为方剂学之祖，把他创制的方剂称为"经方"。这些方剂至今还是中医处方用药的基础，其中大部分经过长期的临床实践证明其有确实效果，这不但是临床实用上的宝贵遗产，而且也是研究祖国医学的重要资料。

总之，从辨证到立法，从立法到拟方，从拟方到用药，环环相扣，联系紧密，形成了一整套辨证论治的医疗原则。

《伤寒杂病论》这部著作原貌如何，由于年代久远，三国战乱兵燹之灾所致已残缺不全，西晋王叔和得到残本后进行了整理加工，重新编排。同时代的皇甫谧在所著《甲乙经》中说："近代太医令王叔和，撰次仲景，选论甚精"，王叔和所做的工作还不仅限于文献整理，在取舍方面是融合了他自己的学术思想的，这才构成了专论伤寒的一部系统性著作。即使如此，此书仍未引起医学界足够的重视，只是到宋代成无己《注解伤寒论》之后，才引起广大医家的重视，纷纷著书研究《伤寒论》的理论体系、辩证思想，这才愈来愈显示六经辨证思想体系的优越性。

后人将一些杂病治疗方药理论整理成《金匮要略》一书，从这本书中可以看到张仲景并不是只能治疗外感热病的内科大夫，书中首次记载了人工呼吸这一急救措施的具体应用。书中说如遇到自缢者上吊时间不长，或心下还有热气时，应该："徐徐抱解，不得截绳，上下安被卧之，一人以脚踏其两肩，手少挽其发，常弦弦勿

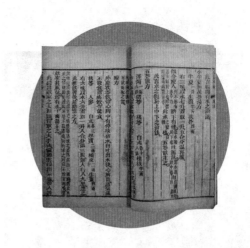

《金匮要略》

《金匮要略》是《伤寒杂病论》的杂病部分，是中国现存最早的一部论述杂病诊治的专书，被后世誉为"方书之祖"。

纵之，一人以手按据胸上，数动之；一人摩捋臂胫，屈伸之。若已僵，但渐渐强屈之，并按其腹，如此一炊顷，气从口出，呼吸，眼开，而犹引按莫置，亦勿苦劳之"（《金匮要略·杂疗方第二十三》）。这种方法与现今所使用的人工呼吸法基本相同。所谓人工呼吸，也就是说，抢救者通过用手按压胸部与牵引肢体活动，可以使被抢救者的胸腔被动地运动，实现气体交换并促进血液循环的进行，经过一段时间，如出现自主的呼吸，抢救就算成功了。而在国外，直到公元1897年，才开始把人工呼吸的方法应用于临床。

张仲景一生著述甚丰，除《伤寒杂病论》外，据史书记载，他还著有《黄素药方》25卷、《辨伤寒》10卷、《疗伤寒身验方》1卷、《评病要方》1卷、《疗妇人方》2卷、《五脏论》1卷、《口齿论》1卷等。此外，他的两个学生卫汛和杜度继承他的事业，也写了不少书。可惜这些书都已亡佚了。

（五）神医华佗

华佗行医图
华佗与董奉、张仲景并称为"建安三神医"。华佗被后人称为"外科圣手""外科鼻祖"。

华佗，又名旉，字元化，沛国谯（今安徽省亳县）人，生卒年月不可确考，只知道于公元208年以前被曹操杀害。《后汉书》本传说他"年且百岁而犹有壮容"，则知他大约生于公元2世纪之初。据《后汉书》和《三国志》本传的记载，华佗是一个"兼通数经，晓养生之术"的人。沛相陈硅曾举他当孝廉，太尉黄琬也曾"征辟"他去做官，可见他是一个淡于名利的民间医生。在《三国演义》第七十五回中，有一段脍炙人口的"关云长刮骨疗毒"的故事。说华佗曾为三国时的著名将领关羽治箭伤，因为箭头有毒，只好割去肌肉，刮去骨头上的毒药，挽救了关羽的性命。后来曹操患头痛头晕也请他看病，他很快就将其多年不愈的痼疾治好了。曹操强迫他做了侍医，他又借故请假回家，推说妻子有病，屡次催促，坚决不来。曹操派人去看，发现他妻病是假，就把他抓进监狱，最后竟加以杀害。当时曾有人对曹操说，华佗是名医，杀了太可惜，但曹操却以为像华佗这样的一个穷医生，没什么了不起，只要需要，什么时候都能找到。直到他的孩子因病不治而死时方才醒悟。

华佗懂得养生之道，又精通方药，曾为许多人治好疾病，因此人们对他特别尊敬，尊他为"神医"，民间流传有许多华佗治病救人的故事。他行医的足迹遍及今江苏、山东、河南、安徽的若干地区，有十分丰富的医疗实践经验，深受广大人民的热爱和尊崇。他取得的成就反映了秦汉时期医药学发展的又一侧面。他的医学成就可以归纳为以下几点：

第一，外科手术和麻醉术。

华佗擅长外科，曾为许多人施行过手术。从《后汉书》所记载的病例来看，当时他已经能够成功地进行诸如腹腔肿物摘除、胃肠吻合等大手术。有一次一个患有重病的人请他诊治，华佗仔细检查后对他说："你的病已是根深蒂固，只能剖腹手术治疗，但术后存活期也不过 10 年，不如算了吧，这病并不会促使你早死。"这人受不了疾病的折磨，一定要除掉病患，于是华佗为他做了腹部手术，症状得以缓解，那人 10 年后果然死了。

另外，史书还记载华佗为河内太守的女儿治病的医案：河内太守的女儿，年约 20 岁，左腿膝盖旁生疮，痒而不痛，反复不愈，已经七八年了。请华佗诊治……华佗从疮口中取出一条蛇样的东西，用铁锥贯穿蛇头，在皮肤间扭动许久，不动之后取出，长约三尺，但头上有眼凹处却没有眼珠，身上有逆鳞。然后在疮口上敷上药膏，七天后就好了。现在有人认为这是华佗取出慢性骨髓炎的死骨，死骨多空间，凹凸不平，所以说有眼窝却没眼珠，身上好像有逆鳞。至今民间还有把死骨称为骨蛇的。能够认识到骨髓炎必须取出死骨，是了不起的①。当然这段文字有些神秘，反而使人不敢相信其事了。

华佗能够顺利地施行各种手术，与他发明了"麻沸散"有极大关

① 韦以宗 . 中国骨科技术史〔M〕. 上海：上海科学技术文献出版社，1983，64.

系，《后汉书·华佗传》有关于华佗使用麻沸散等施行腹腔外科手术的生动描述："若疾发结于内，针药所不能及者，乃令先以酒服麻沸散，既醉，无所觉，因刳破腹背，抽割积聚。若在肠胃，则断截湔洗，除去疾秽，既而缝合，敷以神膏，四五日创愈，一月间皆平复。"这是说华佗成功地做了腹腔外科手术。他所以能这样高明而成效卓著地进行这些手术，是和他已经掌握了麻醉术分不开的。他以酒冲服麻沸散，为麻醉剂。酒本身就是一种常用的麻醉剂，即使现代，外科医生还有应用酒于小儿以进行麻醉的。可惜麻沸散的药物组成早已失传。用酒和药物作临床麻醉，这在世界外科麻醉史上占有重要的地位。纵观《后汉书》的上述记载，可见当时解剖术、诊断术和止血术已有较大进步。如果没有生理解剖的足够知识，没有判断发病部位和性质的能力，没有防止手术大出血的必要方法，要成功施行手术是不可能的。

曼陀罗花

传说，麻沸散是由曼陀罗花、生草乌、香白芷、当归、川芎各4钱，天南星1钱，共6味药组成。曼陀罗原产印度，现广泛分布全球，中国各地均有野生或栽培，主产在华南地区，以广西最多。

《扁鹊心书》

《扁鹊心书》综合性医书，也收录前人和作者（窦材）的灸法。

将某些具有麻醉性能的药物或用于战争，或用于暗杀，这在华佗之前就有人使用。华佗总结和发展前人所掌握的药物学知识，使其转而为人类的健康服务，为医学的发展做出了重要的贡献。"麻沸散"的药方虽早已失传，但这种思想却深深影响了后世的医生。宋代窦材所著《扁鹊心书》记有睡圣散可做麻醉之用；元代危亦林用草乌散解决骨伤科复位时的疼痛问题；日本外科学者华冈青州也曾于1805年用曼陀罗花等植物制成"麻沸散"，成功地进行了乳癌切除手术。这种方法较之西方早期所使用的机械性压迫、单纯饮酒、放血的方法无疑要好得多。

第二，诊断疾病。

华佗擅长于察声望色，对脉象有专门的研究。他"精于方药"，在处方上力求简便精当。

华佗不仅精于外科，而且对妇科、儿科等也很有研究。有一次，某将军的妻子病了，请华佗去诊视，根据脉象断定为妊娠受伤而胎死未去。将军听后说："确实受了伤，但胎已经去了。"华佗摇摇头回答："根据脉象分析，胎没有去。"大家都觉得好笑，胎儿已经流产是客观事实，怎能相信你的"三指一摸"呢？可是过了一段时间将军妻子又觉身体不适，请华佗看后仍说是死胎未去，脉和以前一样。接着华佗又向大家作了一番解释："此妇人是双胞胎。先前流产了一个而且流了很多血，所以后一个没有娩出，胎儿死后就失去了血液的营养，一定干瘪附着在母亲身体里。"随即为病人扎针、煎药，并叫接生婆以手操查，果然取出一个死胎，人的形状已经具备，但颜色甚黑。

华佗在内科诊断方面，医术也是很高明的。他善于察声观色，根据病人的面目、形色、病状来判断疾病的轻重和能否治疗。《后汉书》《三国志》里记载了他不少这方面的事例。一次在盐渎（即今江苏盐城）一家酒店里，有几个人正在喝酒。华佗仔细察看了其中一个叫严昕的男子，告诉他说："你有急病，从脸上看得出来，最好不要多饮酒，快回家去。"果然严昕在回家的路上从车上跌下，到家不久就死了。又有一次，一个叫徐毅的人得了病，华佗去看他，徐毅告诉他说："昨天请人针刺胃管后，便咳嗽不已，不能躺卧。"华佗看了他的病说："没有刺中胃管，反而误伤了肝。此后饮食还要减少，恐怕五天以后就不能救了。"后来果如华佗所说，过了四五天，徐毅就死去了。又如广陵太守陈登，胸中烦闷，面色发赤，食欲不振。华佗给他脉诊后，断定他肚里有虫，就给他配了些汤药，喝下去便打出许多虫来。有一个军吏一直咳嗽不停，经华佗诊断后，认为是肠上长了毒疮，就给他配了些药，服后吐出二升脓血，并逐渐痊愈。又如一郡守患病已有相当长时间了，华佗诊断后认为激他生气可治好病，因而就留下一封信骂那郡守。郡守大怒，并派人追杀华佗，没追上，更加气愤，吐出黑血，但病好了。

正确诊断对于提高疗效具有重要意义。华佗还善于透过现象，抓住本质，根据不同情况，辨证施治，对症下药。例如有两个人都患头痛、发热，一块来找华佗医治。华佗经过仔细诊断，给一个人开了泻下药，给另一个人却开了发汗药。在一旁的人迷惑不解，请教华佗。华佗解释说："他们两人虽然病症相同，都属实症，但是一个人患的是外实（感冒），另一个患的是内实（伤食），得病的原因不同，所以开的药也不同。"结果那两人服了药后，病很快都好了。

长期生活、行医在民间的华佗，十分注意学习和总结劳动人民中间的治病用药经验，尤其重视运用民间的单方和验方治疗常见病。他处方用药简洁，但是疗效很高。比如像寄生虫病这样一类民间常见疾病，华佗很注意下功夫研究，常常是药到病除。有一次华佗在路上遇到一个患"咽塞"不能进食的病人，正要去求医。华佗看了病人的症状后，对他说："我刚来的路上有一家卖饼的，可到那里买三升醋泡蒜泥来，喝下去病就会好。"患者照此而做，喝下去没多久，就吐出一条大虫，病就好了。患者把虫悬挂在车旁到华佗家致谢，见他家里墙壁上挂着很多类似的虫子。原来华佗治过不少这类患者，那些虫子全是病人痊愈后送来表示道谢的。

华佗对许多重症也能诊断出来，如肝硬化腹水的"病人面黑，两肋下满，不能自转反者"，以及"循衣缝""口张""汗出不流"等都指出为难治的大病（王叔和《脉经》卷五）。正是由于华佗能较为准确地诊断疾病，因此他才能在治疗方面取得令人满意的疗效。

第三，提倡体育锻炼疗法。

华佗提倡用医疗体育锻炼的方法防治疾病，以达到延年益寿的目的。他对他的弟子吴普说："人体欲得劳动，但不当使极耳。动摇则谷气得消，血脉流通，病不得生。譬如户枢，终不朽也。是以古之仙者，为导引之事，熊颈鸱顾，引挽腰体，动诸关节，以求难老。吾有一术，名五禽之戏：一曰虎，二曰鹿，三曰熊，四曰猿，五曰鸟。亦以除疾，兼利蹄足，以当导引。体有不快，起作一禽之戏，怡而汗出，因以著粉，身体轻便而欲食。"此即"五禽之戏"，据说吴普照此法锻炼，年九十余，还"耳目聪明，齿牙完坚"（《后汉书·华佗传》）这显然是一种简单合理的体育活动。

在医药学的其他领域中，华佗也多有建树。在针灸方面，他特别注重选用穴位，据《三国志》记载，他针灸用穴少、疗效高。"若当灸，不过一二处，每处不过七八壮，病亦应除。若当针，亦不过一两处"，并且预先告诉病人会引起什么样的针感，沿什么方向传导，得气后即时起针，病就好了。据说，一次华佗碰到一个两脚都不能走路的病人。他便让病人脱下衣服，在脊柱两侧点了几十个穴位，每穴灸十壮，灸后这个人就能行走了。华佗还根据自己的临床经验，创用"夹脊穴"。现在临床上仍常应用，被称为"华佗穴"。

关于华佗的著作，梁《七录》载有《华佗内事》5卷，《隋书·经籍志》载有《华佗观形察色并三部脉经》1卷、《华佗枕中灸刺经》1卷。又有《华佗方》10卷，注为吴普撰。这些著作都没有流传下来。但王叔和《脉经》卷五有《扁鹊华佗察声色要诀》的载录，唐代的《千金方》和《外台秘要》也有所引证，可能就是从这些著作中引录的。有人因为本传中记有华佗在狱中烧其著作的事，怀疑这些书都是伪托，这是不适当的。因为华佗烧书即使是事实，亦只能烧掉他在狱中所写的书，绝不可能把他入狱前的著作全部烧掉。

华佗的学生，以吴普、樊阿、李当之三人最为知名。樊阿善针灸，并善深刺。他针背部"夹背穴"入一二寸，针腹部穴甚至深入五六寸，打破了当时"凡医咸言背及胸脏之间不可妄针，针之不过四分"的规定，提高了疗效。吴普著《吴普本草》，李当之著《李当之药录》，他们在不同的领域为医药学的发展做出了贡献。华佗死后，在他行过医的许多地方都有"华祖庙"，徐州还有"华祖墓"和庙，可见人民对他的怀念。

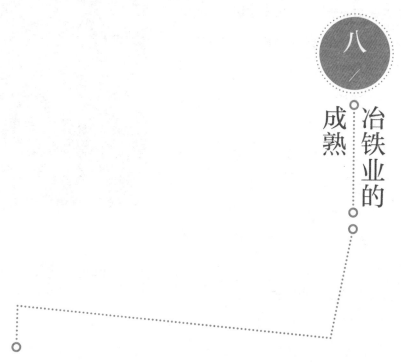

（一）生产工具和兵器铁器化的完成

秦汉时期，铁器和冶铁术在广大地区，得到了使用和传播。考古发现表明，西汉初年铁农具和工具已经普遍取代了铜、骨、石、木器，在西汉中后期以后，随着炒钢技术的发明，锻铁工具增多，铁兵器也逐步占了主要的地位，到东汉时期，主要兵器已全部为钢铁所制，从而完成了生产工具和兵器的铁器化进程。西汉中期以来出土的铁器种类较战国时期有所增加，其突出的特点还在于形制进一步成熟，并有加宽加大的趋势，这同西汉前期整个社会生产处于恢复与提高的总趋势是相一致的。西汉中期以后，情况发生了根本的变化，出土铁器的种类急剧地增加，如灯、釜、炉、锁、剪、镊、火钳以及齿轮、车轴等机械零件，等等，都涌现出来，东汉时期更是如此。铁农具发展的状况，也大体与此相似。这说明在西汉中期以后，钢铁生产在质和量两个方面都有了重大的发展。这同当时社会生产的发展、国防的需要以及冶铁术的进步有密切的关系，使人力、物力和财力比较集中统一，生产技术还可以较快地在较大范围内得到推广和交流，对钢铁生产的发展起了积极的作用。秦汉时期，尤其西汉中期以后，铁的生产量猛增，技术迅速发展，质量显著提高。这个时期是我国古代冶铁业的第二次大发展时期。

火钳
火钳是铁制夹取柴火的工具，农村家庭日常生活做饭及冬天取暖时添加柴火时使用，现大街小巷保洁员也拿它拾取地面垃圾。

汉代铁的应用比过去广泛，铁器逐步取代了铜器。武帝前，铜、铁兵器往往同时并用；武帝后，铁兵器占了主要地位；东汉前期，主要兵器已全部为铁制。生产工具和日常用具，也同样逐渐被铁制品所取代。辽宁辽阳三道壕所发掘的西汉八座居民房址中，每一户都有铁制农具，包括了犁铧、耧、镬、锸、耙、锄、镰等从种到收的全套农具。生活上所用的铁制灯、釜、炉、剪、刀以及车辖、齿轮等，在南北各地也多有出土。足见铁的使用，已经十分普遍。

铁釜
安置在炉灶之上或是以其他物体支撑煮物，釜口也是圆形，可以直接用来煮、炖、煎、炒等，可视为现代锅的前身。

汉代冶铁生产的规模，

也相应地扩大了许多。汉朝政府将冶铁收归官营以后，设有专门机构，管理全国生产。这些官营手工业都使用大量"卒徒"来从事生产，"卒"是指服役的兵卒，"徒"是指犯罪而罚作工役的人。贡禹在元帝即位之初（元帝在公元前48年即位）曾上书说：当时铸钱的官和"铁官"所使用开铜铁矿的"卒徒"多到十万人（见《汉书·贡禹传》）。各地铁官所用的"卒徒"，一般都有几百人。

由于冶铁手工业的发展，铁的生产率提高，铁在市场上的价格比铜要便宜得多。西汉前期，大概铁价只相当于铜价的四分之一，据《史记·货殖列传》说，当时做买卖每年有二分利润，放债每年可得二分利息，一个有铜器千钧（即3万斤）的商人，有铁器千石（即12万斤）的商人，有千贯（即100万文钱）本钱的高利贷者，其收入都和"千户之君"相等。当时封君每年可以向每户征取租税200文钱，"千户之君"每年租税收入可有20万文钱。从这里，我们可以知道当时铜器价格是铁器价格的4倍，铜器3万斤的价格是100万文钱，即每斤价33文强；铁器12万斤的价钱也是100万文钱，即每斤价8文强。

汉武帝时，全国各地共设49处铁官，在今山东有12处，河南、江苏各有7处，河北有6处，陕西、山西各有5处，四川有3处，安徽、湖南、辽宁、甘肃各有1处。到东汉时代，在西北、西南、东北等边远地区又略有发展。《续汉书·郡国志》所记产铁地点，除了西汉已设铁官之处以外，还记有8处，四川3处，云南2处，湖南、甘肃、河北各一处。而广东、广西、新疆等边远地区，也有当地的冶铁业。从现在发掘的冶铁遗址看，西汉有60多处，东汉有100多处。这些都反映出汉代冶铁业的扩大和发展。

（二）冶铁新技术

秦汉时期，冶铁技术进一步发展，取得了新的成就。

高炉炼铁
高炉炼铁技术具有经济指标良好、工艺简单且生产量大、能耗低等优点，这种方法生产的铁占世界铁总产量的绝大部分。

高炉炼铁和平炉炼钢，现在已成了人们的常识。西汉时期，随着铁器需要量的大幅度增加，冶铁业的重大发展，炼铁高炉建造得越来越大。历史上最早关于高炉事故的记载在《汉书·五行志》中：汉武帝征和二年（前91）春天，涿郡（今河北涿州）的铁官铸铁，因为技术上的某种关系，铁水如流星似的飞上天空；汉成帝河平二年（前27）正月，沛郡（今安徽宿州市）铁官炼铁时，高炉中的铁料堵塞不下，隆隆如雷声，犹如鼓音，13个工人惊慌逃走，等声音停止后，回去一看，高炉炸成10块，炉基陷落数尺，一炉铁水散如流星。这是高炉悬料后，又突然下落引起的严重爆炸事故。这种事故的发生，是因为高炉相当高大，温度不够均匀，悬料很久不下，高炉下部很长一段炉料已经烧空而熔化，炉缸里聚集了很多沸腾的铁水，当上部炉料突然下降时，炉缸承受的压力过大，引起了严重的爆炸事故。炉子爆炸成10块，炸得地面塌陷数尺之深，而炉中沸腾的铁水散射如流星一般，说明当时爆炸的力量很大，这个爆炸的高炉必然是个庞然大物了。在这个高炉上同时操作的工匠多达13人，也说明这个炉子很高大，需要装料、鼓风的人力很多。

高炉炼铁是一种经济而有效的炼铁方法，因而长期以来成为我国冶炼生铁的主要方法。高炉从上边装料、下部鼓风，形成炉料下降和煤气上升的相对运动。燃料产生的高温煤气穿过料层上升，把热量传给炉料，其中所含一氧化碳同时对氧化铁起还原作用。这样燃料的热能和化学能同时得到比较充分的利用。下层的炉料被逐渐还原以至熔化，上层的炉料便从炉顶徐徐下降，燃料被预热而能达到更高的燃烧温度。这的确是一种比较合理的冶炼方法，因而具有强大的生命力，长期流传。

在今河南新安、鹤壁、巩义、临汝、西平以及江苏徐州、泗洪，北京清河以及新疆民丰、洛浦等汉代冶铁遗址中，都有高炉的残迹发现。从河南各地冶铁遗址来看，当时高炉有圆形截面和椭圆形截面两种：巩义铁生沟 6 座高炉的截面都是圆形的，炉身直径有 1.8 米的，也有 1.6 米的，又有 1.3~1.5 米之间的，有残高 1 米左右的；鹤壁市东南 5 公里

古荥冶铁遗址

古荥冶铁遗址位于河南省郑州市，是 2001 年公布的第五批全国重点文物保护单位。

的鹿楼村发现有 13 座高炉，截面都是椭圆形，炉缸短轴 2.2~2.4 米，长轴 2.4~3 米左右，面积一般在 5.72 平方米左右。江苏徐州铜山北微山湖南岸发现的汉代炼铁炉，炉型作长方形，底部东西宽 3.8 米，南北长 4.7 米，炉壁厚 1 米左右，内腔作椭圆形，长轴 2.5 米，短轴 1.4 米。炉身北壁在地面以下，估计炉高 1.78 米以上。筑炉用石英砂粒和黏土混合而成的耐火泥夯筑而成，采用一层层捣筑结实的方法，每层厚 6 厘米。炉基用黏土夯筑而成，范围大于炉身。

从河南郑州市古荥镇西汉中晚期冶铁遗址中发现了两座特大的炼铁高炉，2 号炉的炉缸已损坏，1 号炉短轴约 2.7 米，长轴约 4 米，面积约 8.48 平方米。在 1 号炉南端 5 米处的坑内，挖出了拆炉时取出的 1 号炉积铁块，积铁块的边缘立着一块条状的铁瘤，铁瘤和积铁成 118 度夹角，向外倾斜，高约 2 米。由此可以推知高炉的高度可能达到 5~6 米，炉身呈直筒形，其下有一段喇叭形的炉腹与最下部的炉缸连接，有效容积约 50 立方米左右。炉子截面筑成椭圆形，是为了使鼓风和煤气流更容易达到炉缸中心，有利于提高炉的中心温度。这样大的高炉，每天可炼出生铁 500 公斤。

高炉增大，反映了筑炉、鼓风、原料处理、添加熔剂技术等均有了很大进步。

炉子高大，冶炼时需要的鼓风能力也要相应增大。解决的办法，一是在炉壁上增加风口，由原来的一个风口增加到四个风口；一是增加鼓风能力，由一个鼓风皮囊发展到排列在一起的几个鼓风皮囊，组成复合皮囊。山东滕州宏道院出土的东汉画像石中，有一方是描写冶铁劳动过程的，上有鼓风的图像，其中鼓风大皮囊上排列有四根吊杆，右方下部是个风管。铁生沟、古荥镇、南阳瓦房庄和鹤壁市的冶铁遗址，均有鼓风风管出土。其中古荥镇和瓦房庄发掘的弯头朝下的陶胎风管下侧泥层已经烧琉，经实践测定，泥层烧琉温度为 1250~1280° C。就鼓风动力而言，从人力鼓风发展到畜力鼓风，如"马排""牛排"等；在两汉之际，又发明了水利鼓风机，取名为水排。东汉建武七年（公元 31），

水排

水排是由杜诗发明的，是中国古代汉族劳动人民的一项伟大的发明。最初的鼓风设备叫"人排"，直到杜诗改用水力鼓动，称"水排"。

杜诗到南阳做太守，南阳的冶铁业有较长的历史，规模又较大，杜诗总结了当地的冶炼经验，制造了水排来铸造农具，这是几百年冶炼手工业工人劳动经验和智慧的结晶，杜诗只是进一步加以推广利用而已。利用水排来鼓风，来冶铸农具，自然比用人力来鼓风"用力少，见功多"。从已发现的在今河南省的汉代冶铁遗址来看，汉代冶铁作坊多半建设在矿山附近，而鲁山县望城岗、桐柏县张畈村两处，却距离矿山较远，相距有 10~20 公里，而建设在河流旁边，这两处在汉代正属于南阳郡，很可能就是为了利用"水排"鼓风的缘故。水排的发明和应

用，不仅提高了鼓风能力，而且大大降低了成本，因而长期为冶铁工业沿用。

高炉的增大，固然提高了产量，但是炉子过于高大，又会使炉内的煤气上升受到阻碍，影响冶炼。在炉温不够高的情况下，这种矛盾尤其突出。至迟到西汉，冶炼工人在长期实践中观察到，炉料的粒度整齐可以减少煤气阻力，因而在炼铁前，先将矿石加工成粒度在 3 厘米左右的炉料，矿石碎屑用筛子筛去。这样做的结果，既节省了燃料，又加速了冶炼过程。

石灰石

石灰石是以方解石为主要成分的碳酸钙岩。用石灰石可以直接加工成石料和烧制成生石灰。

西汉时，已经发明了在炉料中添加一定数量的石灰石作为碱性熔剂，起助熔作用。结果，炼渣中的二氧化硅就和氧化钙结合，降低了炼渣熔点，从而加强了炼渣的熔化性和流动性，使炼渣与铁水更容易分离，并顺利地流出炉外。添加的石灰石除了助熔外，还有一定的脱硫作用。这种技术的发明，对古代冶炼生铁的提高，乃是关键性的一步，是十分重要的创造。从属于西汉中晚期的巩义铁生沟遗址中发现有石灰石，兼之对熔渣的化验发现含有 41.99% 的氧化钙和 3.22% 的氧化镁。

除了用高炉炼铁外，西汉时期还有用坩埚炼铁的技术。这是从坩埚熔铜法演变而来的。1959 年发掘出瓦房庄附近古宛城西汉冶铁遗址，发现坩埚炼铁炉 17 座，其中 3 座较完整，都近似长方形。其中一座长 3.6 米，宽 1.82 米，深度残存 0.82 米。炉的建筑方法是，就地面挖出长方坑，留下炉门，周壁经过夯打后再涂薄泥一层。炉顶有的用弧形的耐火砖砌成,砖的大小不同,砖的背面涂有约5厘米厚的草拌泥;炉顶有的用土坯和草拌泥盖成。炉由门、池、窑膛、烟囱四部分组成。门在炉的最前端,是用来装炉和通风的,左右两壁经火烧,已成砖灰色。池在门内,周壁也烧成砖灰色,池底留有厚约1厘米的细砂,是用作燃烧时的"风窝"的。炉膛为长方形,周壁糊有草拌泥,火烧较轻,当是盛放成行排列的坩埚和木柴、木炭等燃料的。炉的后部设三个烟囱,是排放炉烟用的。有的炉内填满木柴灰,有的炉底堆有很多烧土块和砖瓦碎片。坩埚发现3件,都是椭圆形的圜底陶罐,罐外敷有草拌泥约厚3~4厘米,泥的内部烧成红砖色,表面则成光亮的深黑色,并存有一层灰白色光亮岩浆。另在一坩埚的内壁还粘有铁渣的碎块。从炼炉的结构以及流传到后世的坩埚炼铁法,可以推知当时的炼铁方法是:把矿石、木炭、助熔剂混合,装入坩埚,再把坩埚排列在炉膛内。装炉前,先在炉底铺上一层适当砖瓦碎片,使炉底通风。砖瓦碎片之间要留出许多空隙作为火口,空隙里放易燃品,以便点火。砖瓦碎片上铺第一层木炭,木炭上面安放第一层成排的坩埚。装满第一层坩埚后,又在这层坩埚上面铺第二层木炭,第二层木炭上面,安放第二层成排的坩埚。这样依次安装,直到把炉膛装满,最后铺上一层木炭、一层碎砖瓦片,盖好。点火时,先点中间的火口,等大量冒烟后,再点两边的火口,这样才能均衡燃烧。点火后,随即鼓风。8小时以后,停止鼓风,靠自然风冶炼24小时,即可开炉。这种炉子有大有小,大的一次可装300个坩埚,小的只装六七个坩埚。这种炼铁法虽然简便,但不宜大规模生产,因而在历史上处于次要地位。

至迟到西汉中晚期,已经出现了性能较白口铁为好的灰口铁,并很快被用作工程材料。河北满城一号汉墓出土的铁锭,经检验是含低硅、中磷、低硫元素的灰口铁;出土的轴承则为灰口铸铁,具有承载能力大、润滑和耐磨性能好等特点。对河北满城二号墓出土的西汉中期的生铁锭、铁生沟出土的熟铁块和河南渑池出土的汉魏时期的若干铁器的化学成分的分析表明，其含硫量都很低，均在 0.07% 以下，含磷量偏高些，在 0.11%~0.38% 之间，用现今国内外炼铁的标准衡量，也是合格的优质铁。灰口铁和优质铁的生产，正是炼炉巨型化、鼓风设施强化以及其他技术进步的产物。

（三）炒钢、百炼钢和铸铁脱碳钢技术

炒钢技术的发明与百炼钢工艺的日益成熟，是秦汉时期钢铁冶炼技术发展的一大标志。

西汉中期前后，虽然在冶炼块铁炼渗碳钢时，反复加热、锻打的次数有明显的增多，使钢的质量逐渐得到提高。但由于块炼铁生产效率低，钢铁的制作在原料上受到很大限制。为了满足社会对钢的需要，在西汉中后期又创造了"炒钢"技术，从而开辟了一个崭新的炼钢途径。直到如今，生铁仍是炼钢的主要原料。

炒钢，就是把生铁加热到熔化或基本熔化以后，在熔池中加以搅拌，借助于空气中的氧把生铁中所含的碳氧化掉。在古代缺乏化学分析的条件下，炒钢产品中的含碳很难控制在适当水平，需要有熟练的技巧和丰富的经验。所以当时往往"一炒到底"，把生铁炒成熟铁。炒熟铁与炒钢实质上是一回事，熟铁就是含碳极低的炒钢。熟铁与炒钢成分均匀，其中的夹杂物一般比较细小，分布也比较均匀。因此区别炒钢和块炼铁炼成的钢的重要标志之一，就是炒钢夹杂物是含硅较多而含铁较少的硅酸盐，成分比较均匀，含氧化亚铁很少；而块炼铁炼成的钢的夹杂物则以氧化亚铁和含铁较多的硅酸盐共晶为主。

东汉晚期著作《太平经》卷七十二《不用大言无效诀》说："今军

师兵，不详之器也，君子本不当有也……不贵用之也。但备不然，有急乃后使工师击治石，求其中铁，烧冶之使成水，乃后使良工万锻之，乃成莫邪"。从这里，可知在汉时期普遍的炼钢技术是：先寻求铁矿石，冶炼成生铁水，即所谓"烧冶之使成水"，然后炒炼成钢，再反复锻打，制成莫邪一类的钢剑，即所谓"万锻之，乃成莫邪"。

王充在《论衡·率性篇》中曾说，世上价值千金的宝剑，如棠溪、鱼肠、龙泉、太阿之类，原本是矿山中普通的铁，冶工把它们锻炼成锋利的剑，岂是锻炼的原料有什么不同，而是由于锻炼到家。如果用价值一金之剑，"更熟锻炼，足其火，齐其铦（音先，锋利）"，也就和价值千金的剑相同了。这样出于天然的"铁石"，经过锻炼就"变易故质"，产生了质的变化。从这段话，我们可以知道：在汉代用一般的铁经过反

········○ 许慎文化园
许慎文化园是依托全国重点文物保护单位许慎墓规划建设而成。2014 年 4 月，许慎文化园正式成为国家 AAAA 级旅游景区。

复炒熟锻炼也能成为钢。所说"更熟锻炼"，就是反复炒熟和锻炼。由于东汉炼钢技术的进步，铁工具多用钢刃。《考工记·车人》郑玄注："首六寸，谓今刚关头斧。"贾公彦疏："汉时斧近刃，皆以钢铁为之。"到三国时，用钢制作兵器就更加广泛了。

东汉时已有熟铁的专门名称。许慎《说文解字》说："鍒，铁之耎也。""鍒"就是柔软的熟铁的专门名称，这正是对钢铁而言。这时以刚柔的性质，分别用来称呼钢和熟铁，该是和当时炒钢技术的推广、钢和熟铁的生产增加有关。

河南巩义铁生沟汉代冶铁遗址发现了西汉后期炒钢炉一座，上部已毁损。炉体很小，建造也很简单，从地面向下挖成"缶底"状坑作为炉膛，然后在炉膛内边涂一层耐火泥。炉门向西，长0.37米，宽0.28米，残高0.15米。炉壁已烧成黑色，炉内尚有未经炒炼的铁块。在河南省方城县赵河村汉代冶铁遗址中也曾发现同样的炉型6座。这种炒铁炉容积小，呈缶形，温度可以集中；挖入地下成为地炉，散热较少，有利于温度升高；炉下部作"缶底"状，是为了便于装料搅拌。这种炉子的风当是从炉子上面鼓入的。在河南南阳瓦房庄汉代冶铁遗址，也发现几座炒钢炉，形制、结构都和铁生沟发现的缶式炒钢炉大同小异，炉底还留有铁渣块。这说明当时这类冶铁作坊，不仅用生铁铸造铁器，也还用生铁炒炼成熟铁或钢，锻制成工具、构件。遗址中出土的锻件如凿、镢等，当是该作坊自制的。南阳东郊出土一件东汉铁刀，形制较特殊，类似炊事用刀，刀身有一道平行于刃部的锻接痕迹。刀宽11.2厘米，长约17厘米，刀背厚约0.5厘米，就是用炒钢锻制，其刃部当是用高质量的炒钢锻接而成。

由于炒钢以生铁为原料，价廉易得，生产率高，因此与其他制钢方法比较，有很大的优越性。它的出现和逐步推广，改变了整个冶铁生产的面貌，是钢铁发展史上具有划时代意义的大事情。

由于炒钢法的创造，使得"百炼钢"技术发展到成熟阶段。

从已发现的古代钢制品来看，我国东汉时代已经掌握这种百炼钢技术，当时"炼"的工艺有"三十炼""五十炼""百炼"等区别。东汉流行一种环首钢刀，叫作"书刀"，因为它的一面常有错金的马形纹样，又称为"金马书刀"，皇帝往往用它来赏赐给臣下，官僚和儒生往往用带子把它系在腰间，因此也往往作为陪葬品。罗振玉《贞松堂吉金图》卷下著录有四件"书刀"，一面有错金的马形纹样，一面有错金铭文，其中三件铭文都是"卅炼"。

1974年，在山东苍山县汉墓出土一把环首钢刀，全长111.5厘米，刀身宽3厘米，刀背厚1厘米，环首呈椭圆形，环内径2.5~3厘米。刀身有错金火焰纹和隶书铭文："永初六年（112）五月丙午造卅煉（炼）大刀，吉羊（祥）宜子孙。"说明这把大刀是用"三十炼"工艺制成的。经过金相鉴定，钢的含碳量比较均匀，刃部经过淬火，所含夹杂物与现代熟铁相似。

1978年，在江苏徐州铜山区驼龙山汉墓出土一把钢剑，锋部稍残，无首，通长109厘米，剑身长88.5厘米，宽1.1~3.1厘米，脊厚0.3~0.8厘米。剑把正面有错金铭文："建初二年（公元77）蜀郡西工官王愔造五十涑（炼）□□□孙剑□"，内侧上阴刻铭文"直千五百"四字。"西工官"是蜀郡的工官，王愔是工官姓名。铭文说明这把钢剑是蜀郡工官用"五十炼"工艺制成的。"直千五百"应当是该剑的价钱。1500钱当时可买50石粟，可供一个人吃两年零九个月。由此可知"五十炼"的钢剑是比较昂贵的。金相鉴定，这把钢剑和苍山出土的"三十炼"钢刀基本相同，也是用含碳量较高的炒钢为原料反复锻炼而成。

东汉钢制品更有用"百炼"工艺制成的。1961年日本奈良县古墓出土一把钢刀，上有错金铭文："中平□[年]五月丙午，造作[支刀]，百炼清[刚]，上应星宿，[下]辟[不详]"。中平是公元184—189年东汉灵帝的年号。铭文说明了这把钢刀是用"百炼"工艺制成的。

在东汉末建安年间，曹操曾令造宝刀五把，三年才造成，自己留了两把，其余三把分给了三个儿子。这五把宝刀，也叫作"百辟刀"，是"百炼利器"，据说是用来"以辟不详，慑服奸宄"的，曹植为此还写了一篇《宝刀赋》，生动地描写了炼制宝刀的经过。"辟"就是折叠锻打的意思，"百辟"和"百炼"的意义是一致的，就是经过100次左右的加热和反复折叠锻打。建安二十四年（219），曹丕也下令造宝刀宝剑，共炼制了宝剑三把、宝刀三把、匕首两把、露陌刀一把，据他自己说，所有"国工""亦一时之良也"，"至于百辟"才炼成的。"百炼"代表了当时炼制优质钢利器的工艺质量的最高水平。

1993年初，在陕西兴平出土的东汉中晚期的墓葬中，发现一把向下斜插的铁剑，被坍塌的墓土压成弯弓状，当考古工作者小心翼翼地清除掉剑身的坍土时，铁剑突然反弹复原成垂直状，使在场目睹者惊讶不已。据测定，此剑长1.1米，木质剑柄已朽，剑身表面虽已锈蚀，但剑头、剑刃犹存。经X光透视，剑身内部未有损伤。剑身被压弯1700多年，仍能反弹复原，是迄今众多古代兵器发掘中的首例，说明此剑坚韧性很强，锻造技术达到非常高的水平，从而也使"何意百炼钢，化为绕指柔"的古诗，得到了有力的实物佐证。

这些资料说明，在东汉前期，炒钢以及以此为原料的百炼钢工艺已经相当普遍地被使用了。而在东汉时期，铁兵器完全代替铜兵器，锻制农具和钢工具显著增多的情形，正与这项新技术的发明与推广有着密切的关系。炒钢的发明，不仅是炼钢史上的一次革命，而且对整个社会经济发展都有重要意义。欧洲用炒钢法冶炼熟铁的技术在18世纪中叶才开始出现，比我国要晚1900余年。

铸铁热处理技术在汉代也有很大发展，并臻于成熟。在南阳瓦房庄汉代冶铸遗址所出土9件铁农具，经检验有8件是黑心韧性铸铁，质量良好，有一些和现代黑心韧性铸铁已无多大的差别。河南渑池汉魏铁器窖藏、北京市大葆台西汉燕王墓及瓦房庄遗址都出土了具有钢的金属组织的铸铁件，有的残存着少量微细的石墨，它们是经脱碳热处理获得的白心韧性铸铁或铸铁脱碳钢件，由于熔铸时经过液态，杂质很少，质地相当纯净，性能良好，可以用作剪刀一类刃具。由实物检测可知，黑心韧性铸铁多用于要求耐磨的农具等，白心韧性铸铁多用于要求耐冲击性能较好的手工工具，说明当时的冶铸匠师对不同材质的性能及适用范围已有较深入的认识，能较为正确地选材和加工以达到工艺要求。南阳、古荥等处还出土有多量薄铁板，它们经脱碳热处理已成为含碳较低的钢板，可以锻打成器，这实际上是创造了一种新的制钢工艺，是我国古代所独有的。

尤为突出的是，巩义铁生沟汉代冶铁遗址所出铁镢，具有和现代球墨铸铁的I级石墨相当的带放射状的球状石墨，类似的有球状或球团状石墨的铸铁生产工具已发现36件，这是我国古代铸铁技术的杰出成就，而现代

巩义铁生沟冶铁遗址

巩义铁生沟冶铁遗址位于河南巩义市铁生沟村，是中国汉代冶铁和制造铁器工场的遗址，也是已知的汉代冶铁遗址中出土物最丰富的一处。

球墨铸铁是 1947 年才研制成功的。

汉代铸铁脱碳制钢的工艺成就，突出地表现于郑州市博物馆在东史马发掘到的 6 件东汉铁剪上。铁剪需要有较好的硬度和弹性，才便于应用，不至于在使用过程中很快断裂。因此按一般的工艺观点来看，无论就形状和性能来说，是不适宜铸造的。但是，其中一件经过金相检验，发现剪刀的整个断面都是含碳量为 1% 的碳钢，组织均匀，渗碳体成良好的球状，和现代工业中所用的碳素滚球钢相似，而质地非常纯净，几乎找不到夹杂物。但经过仔细观察，在断面的较厚部位，见到有微小的石墨析出，证明这种剪刀是用铸件为材料经过脱碳退火而成的。它的制作方法，应是先用白口铁铸造出成形的铁条，经过脱碳成为钢材后，磨砺刃部，而后加热弯曲作交股形的 8 字形。从这 6 件东汉铁剪，可以看到当时这种固体脱碳制钢工艺有了进一步的发展，不但广泛使用生铁铸件脱碳成为钢件，而且能够利用这种成形的钢材，再锻造成为工件。

从铸造技术上看，秦汉时期铁范的使用已大为普及。战国时期已经出现的叠铸技术，这时得到了进一步发展。河南省温县发掘的一处汉代烘范窑，出土有 500 多套叠铸范，有 16 件铸件，36 种规格，其总浇口直径为 8~10 毫米，内浇口薄仅 2 毫米左右，一套范有 4~14 层不等，每层有 1~6 个铸件，最多的一次可铸 84 件。这就大大提高了生产率。这一时期铸造工艺也出现了更细的分工，根据对汉代铸造作坊出土器物的考察，它大体可分为制模、制范、烘范、熔铁、浇铸等作业，尤其是烘烤铸模、铸范的制造精密，在铸造工艺中起着重要的作用。从而保证了铸件的质量和降低了次品率。

综上所述，我国早在汉代，钢铁技术已发展到较为成熟的阶段。汉代冶铁业规模巨大，遍布全国的冶铁作坊和精湛的钢铁技术成为汉代工农业生产进一步发展、国力增强的物质基础。铸钱业也是重要的手工业部门，采用铜范、铁范和泥范来制作。除铜、铅、锡外，秦汉时期的金、银、汞的产量也有很大增长，我国古代社会所能冶炼的八种金属——金、银、铜、铁、锡、铅、汞、锌，除锌外，在秦汉时期都已掌握其冶炼工艺了。

九 建筑、交通、纺织及其他技术

（一）秦汉长城

万里长城是世界建筑奇迹之一。它雄踞于我国北部河山，走向由西向东，跨过黄土高坡、沙漠地带，崇山峻岭、河谷溪流，以其雄伟壮观、工程浩大闻名于世。

长城的修建开始于战国时代。当时，诸侯分立，各自割据一方，经常相互攻伐，进行兼并战争；北方的游牧民族匈奴、东胡、楼烦也经常南侵。因此，秦、赵、魏、齐、燕、楚等国各自筑长城以自卫。秦始皇统一中国以后，为了防范匈奴的突然袭击，把燕、赵、魏等诸侯国的长城连接起来，用30万人力连续10多年，筑成了西起甘肃临洮，沿黄河到内蒙古临河，北达阴山，南到山西雁门关和代县、河北蔚县，经张家口东达燕山、玉田、辽宁锦州并延至辽东的万里长城。

万里长城

万里长城是世界文化遗产、全国重点文物保护单位，被誉为"世界中古七大奇迹之一"。

汉代除重修秦长城外，又修筑了朔方长城（内蒙古河套南）和凉州西段长城，后者包括北起内蒙古额济纳旗居延海，沿额济纳河到甘肃金塔县北的北长城，从金塔县经破城子、桥湾城到瓜州县的中长城以及从瓜州县经敦煌城北直达大方盘城、玉门关进入新疆的南长城。它们是汉武帝时期开始修筑的。据《居延汉简》记载，当时长城沿线"五里一燧，十里一墩，卅里一堡，百里一城"，构成了一个严整的防御体系。

秦汉长城的遗迹至今仍历历可寻。据考察，秦汉长城多就地取材，用夯土筑成。在黄土高原一带是就地挖土筑版而成，现存临洮秦长城遗址就是用这种方法建造的。敦煌西南玉门关一带汉长城，墙身残高4米，下部宽 3.5 米，上部宽 1.1 米，是用土夯成，距地面 50 厘米开始铺纵横交错的一层芦苇或红柳，沙砾石与红柳或芦苇层层压叠，红柳或芦苇摆法相交，有些地方的芦苇至今还保留完好。利用这些植物原料，作为防碱夹层，在干燥地区是不易腐烂的，它们可以防止城墙坍塌，起着加固城墙的作用。无土地带的长城墙则是用石块砌成，如赤峰附近一段的汉长城遗址，就都是用石块砌成的。在山岩溪谷之处，地势陡峭险峻，只用石块来砌筑，城墙容易坍塌，故杂用木石建造。在金塔县和额济纳旗，还存留烽火台 200 多座，台平面呈正方形，每边 17 米，高 25 米左右，蔚为壮观。它也是由夯土或土坯筑成，施工中亦用芦苇。至今仍有许多烽火台，除四角剥蚀外，其余部分都还完好。

长城跨越的地区大都是荒凉偏僻的地方，气候恶劣，数十万民工长年累月地在这里艰辛劳作，生活没有保障。广为流传的孟姜女哭长城的故事，就是老百姓对统治阶级不顾人民的死活兴修长城的控诉。该故事说，秦始皇时，孟姜女的新婚丈夫范喜良被强征去修长城，在沉重的劳役中被折磨死去。孟姜女思夫心切，万里跋涉，来到长城工地给丈夫送寒衣，得知丈夫已死，便在长城下痛哭，把长城哭倒，从而发现了丈夫的尸骸。后来，孟姜女投海自杀。这虽是一个虚构的故事，但说明长城是古代劳动人民血泪的结晶。

秦汉长城的修建反映了当时测量、规划设计、建筑和工程管理等方面的高超水平。

（二）木结构与砖结构技术

秦汉时期宫殿建筑的主要形式是高台建筑，它是由一种夯土和木结构相结合的建筑形式，它把许多单体建筑聚合在一个阶梯形夯土台上。秦代修建的咸阳新宫、朝宫等都是在夯土台群上修建的庞大宫室殿屋群，周围修筑高架的道路——阁道，同其他的"离宫别馆"相通，极其华丽壮观。秦于公元前230年开始兴建新宫，前后经10年时间，先建成倍宫，作为咸阳各宫室的中心，随后又建立甘泉宫、北宫等，构成了一组大建筑群。"秦每破诸侯，写仿其宫室，作之咸阳北阪上"（《史记·秦始皇本纪》），所以，咸阳新宫吸取了六国建筑的不同形式特征，

咸阳宫
咸阳宫是秦帝国的大朝正宫，秦朝的政治中心和国家象征，位于今陕西咸阳市东。

可视为战国以来宫殿建筑的集大成的产物。公元前212年，秦始皇又兴建一组规模更为庞大的建筑群——朝宫，其前殿即著名的阿房宫，"先作前殿阿房……上可坐万人，下可建五丈旗。周驰为阁道，自殿下直达南山，表南山之巅以为阙。为复道，自阿房渡渭，属之咸阳"（同上）。这些宫殿大都采用了高台建筑的形式，西汉时期在长安城先后修建的许

多宫殿的形式也是如此。

在西汉时已经出现的多层建筑，到东汉时期得到了迅速发展。从出土的明器、画像砖和铜器上，用木架构成的多层楼阁和封建坞壁的门楼、望楼等，就是这一建筑形式的生动说明。这是在梁柱上再加梁柱的迭架技术的应用，表明了木结构技术的重大发展，奠定了后世木结构高层建筑的基础。

中国古代建筑特有的"斗拱"结构（"斗"是斜方形垫木，"拱"是弯长形垫木），在战国时期已经出现，在秦汉时期又有很大发展。其形式多样，有直拱、人字拱以及单层拱、多层拱等。四川乐山汉代崖墓的斗拱就有六七种式样的曲拱。斗拱与挑梁、斜撑同时发展、既用以承托屋檐，也用以承托平座，是建筑结构本身的一个重要组成部分。"斗拱"结构的出现，说明已有了关于合力、分力等经验性力学知识。

建筑的屋顶也出现了多种形式，如四坡顶、歇山顶、卷棚顶、悬山顶、四角拢尖顶等，具有丰富生动的造型特征。

砖与砖结构技术，在秦汉时期也得到了很大发展。西周已出现了铺地砖和瓦，从而开辟了新的建筑材料和结构领域，对于建筑质量的提高有着重要意义。战国时期出现的空心砖和小条砖，到秦汉时期已被大量用作建筑材料。由于小条砖具有制造容易、承重性强、砌筑方便、可灵活应用等优点，到西汉晚期终于取代了空心砖。秦汉时期，小条砖逐渐趋向模数化，长、宽、厚的比例是 4∶2∶1，使在垒砌墙体时，可灵活搭配。为了防止砖块脱落，人们还创造了榫卯砖、企口砖、楔形砖等。这些都是人们在实践活动中获得的科学合理的方法。

初期的砖砌法，砖与砖之间缺乏联系，经过不断实践与总结经验，砖墙的砌法就朝着相互拉结的方向发展，使得砖墙有较好的整体性，既稳固，又能承受压力和推力。在战国时期已出现的数种垒砌技术的基础上，秦汉时期更有式样新颖的垒砌新技术出现，使墙体既坚固又美观。关于砖顶结构，两汉有重大发展。西汉中叶盛行筒拱结构，用条砖，其特点是二边支承；西汉末年出现了拱壳结构，特点为四边支承，它是由拱顶平面为十字交叉、等高的两个筒拱相互贯通穿插而成，充分发挥了砖材耐压的性能。在施工技术上采用了无支模施工法。虽然当时拱壳的跨度不大，但其结构性质，仍与现代的双曲拱砖扁壳类同。东汉时期出现了一种新的砖结构形式——迭涩结构，它保持了拱壳结构的外形，采用上下砖之间的砖缝成水平的逐层出挑成顶的方法。这种砌法较之不断地改变砖缝面角度的拱结构，在施工上要简便得多。所以该结构的出现，乃是探索一种简便的砖拱结构施工方法的结果。

（三）驰道与栈道

驰道和栈道的修建，是秦汉时期规模宏大的筑路工程，对于陆路交通的发达，促进经济文化的交流，具有重大的意义。

秦始皇统一中国后，下令筑驰道。以咸阳为中心的，有东方大道（由咸阳出函谷关，沿黄河经山东定陶、临淄至成山角）、西北大道（由咸阳至甘肃临洮）、秦楚大道（由咸阳经陕西武关、河南南阳至湖北江陵）、川陕大道（由咸阳到巴蜀等）。此外还有江南新道，南通蜀广、西南达广西桂林；北方大道，由九原（今包头）大致沿长城东行至河北碣石，以及与之相连的从云阳（今陕西淳化）至九原的长达 900 余公里的直道，等等。1974 年，在鄂尔多斯市发现了长约 100 米的直道遗址，路面残宽约 22 米，断面明显可见，现存路面高 1~1.5 米，用红砂岩土填筑，从直道遗址可以看到南北四个豁口遥遥相对，连成一线，这同《史记·蒙恬列传》所载"堑山堙谷，通直道"的记载正相吻合。由此可见驰道工程的庞大和艰巨。

栈道的修筑始自战国秦。公元前3世纪，秦国为了开发四川，就修筑了栈道，正如蔡泽所说："栈道千里，通于蜀汉，使天下皆畏秦。"(《史记·范睢蔡泽列传》)到西汉前期已有嘉陵故道、褒斜道、谠洛道和子午道四条通蜀的栈道。其中褒斜道长250余公里，路面宽3~5米不等。栈道盘旋于高山峡谷之间，因地制宜，采用不同的工程技术措施，或凿山为道，或修桥渡水，或依山傍崖构筑用木柱支撑于危岩深壑之上的木构道路，表现了在筑路工程中，适应十分复杂的地形条件的出色的技术能力。栈道是川陕间的交通干线，历代屡屡修建，在经济文化交流和战略方面发挥了重要作用。

　　陆路交通的主要工具是各种车辆。秦时规定"车同轨"，亦即每辆车的两车轴间距离相等。这时大多为两轮车，其设计因不同的用途而异，有的适于载重，有的利于速行，有的轻便舒适。秦汉时也有灵活适用的独轮车和稳定性强、载重量大的四轮车等。辽宁辽阳西汉遗址出土有铁车辖（车轴承）、车铜（铁圈）等物，说明汉代已在车轴上加铁圈，使铁与铁相磨，其间加上油脂润滑，增强了车轮的牢固性，减少了车轴承的摩擦力。

（四）船舶技术

　　春秋战国时期，许多诸侯国都相继建立了水军，并设有专门建造作战用船的工程，能够制造许多类型的战船。秦以后，在甲板上建有重楼的战船——楼船——成为主力战舰，秦始皇曾派遣用楼船组成的舰队攻打越国。汉武帝为征伐广东、福建的越人，建造了高达十多丈的楼船，船上插满旗帜，显得非常威武雄壮。汉时以楼船为主力的水师非常强大，一次战役就能出动楼船2000多艘，水军20万人。《后汉书·公孙述传》还有"造十层楼帛栏船"的记载，其高大壮观可想而知。秦汉楼船等的出现是我国古代造船技术初步成熟的标志。1974年，在广州发掘的秦汉造船工场遗址，是一个规模巨大的古代船舶工场，有三个平行排列的造船台，还有木料加工场地，船台和滑道相结合，外形和铁路相似，由枕木、滑板和木墩组成，枕木分大小两种。滑板宽距可以调节。一号船台两滑板中心间距1.8米，船的宽度应是3.6~5.4米；二号船台两滑板中心间距2.8米，能造5.6~8.4米宽的船。滑板上平置两行承架船体的木墩，共13对，两两相对排列，高1米左右，便于在船底进行钻孔、打钉、艌缝等作业。

　　汉代船舶技术的进步还表现在橹、舵和布帆等的发明和应用。橹是我国造船和航行技术中的一大发明，在长沙出土的西汉船模中，已有一支橹，说明至迟在公元前1世纪时，橹已经发明和应用。东汉刘熙在《释名》中说："在旁曰橹，橹，膂也。用膂力，然后舟行也。"橹的外

橹

橹是指拨水使船前进的工具，比桨长，置于船边，用于摇动使船前进。

形有点像桨，但是比较大，支在船尾或船侧的橹担上，入水的一面剖面呈弓形，另一端系于船上。用手摇动橹担绳，就可以使伸入水中的橹板左右摆动，橹板与水接触的前后部分会产生压力差，形成推力，推动船只前进，就像鱼儿摆尾前进。用桨划水，只在桨板划水时才做有用功，而在桨板离开水面之后的整个过程都做的是无用功，浪费了许多人力。橹从桨的间歇划水变为连续划水，提高了功效，因而有"一橹三桨"之说，意即橹的功效可达桨的3倍；而且橹巧妙地利用了杠杆原理，人们只要来回摇动橹担绳就可以推动船只前进，大大减轻了用桨划水的笨重劳动。这种结构简单而又轻巧高效的船舶推进装置，有人称之为"可能是中国发明中最科学的一个"。大约在18世纪中叶，橹被英国海军所引用。后来，在橹的性能的启发下，发明了螺旋推进器。

舵是我国古代在造船和航行技术方面的另一重大发明。船尾舵的出现大概在两汉之交，《释名》中说，船尾的装置称为舵，舵是拖的意思，在船后可以看到它拖在船尾，用来帮助船只顺着航向行驶而不偏转。1955年在广州近郊的一座东汉墓葬中，出土有一只陶制船模型，船尾有一支舵，舵杆用十字状结构固定，从船尾斜伸出船的后方，表明这已是一种轴转舵的装置。舵为船舶的航行提供了方便有效的制导工具。它的作用原理与桨不同，桨是通过划水所产生的反作用力来推导船只前进的，舵不划水，但是当船舶前进时，船尾所产生的水流会在舵面上形成水压——舵压，由于舵压的作用，船舶就会改变航行的方向。舵在应用的过程中，形状和性能都在不断得到改进。

单靠人力划桨、摇橹推动船舶前进来进行远洋航行是难于实现的，古代一般都是依靠风力来进行。在3000多年前的殷代甲骨文中，已有"帆"字出现，说明当时已发现了帆，利用风力来推动船只前进。到了汉代，帆的结构和性能都有很大改进。这时已经有了布帆，而且大概已

帆

帆是挂在船桅上利用风力使船前进的布篷。

经有了升降帆幕和改变帆的张挂方向的装置。《释名》说："随风张幔曰帆，帆，泛也，使舟疾泛泛然也。"这说明东汉已经使用了布帆，它是利用风力解决船舶动力问题的重大发明。

秦汉造船遗址，汉代楼船，以及高效率推进工具橹的出现、船尾舵的出现和风帆的使用，说明我国古代造船技术到汉代已经成熟了。

（五）纺织

1. 纺织业的发展

随着农业的发展，秦汉时期的手工业也得到很快的发展。官、私营手工业都很发达，当时的官营纺织手工业规模都很大。为了供应皇室纺织品的需要，西汉在京师长安设有东、西两织室，由织室令丞主管。这时民间手工业最普遍的是纺织业，时谚曰："一夫不耕或受之饥，一

秦罗敷

秦罗敷忠于爱情，热爱生活，是古代赵国邯郸美女的代表。她的故事被广为传颂，是乐府《陌上桑》的主人公，在高中语文课本《孔雀东南飞》中代指美女。

女不织或受之寒"，纺织手工业一般来说是与农业密切结合的，一个农户的家庭，总是"男耕女织"，从而解决衣食问题。

纺织手工业的原料来自种桑养蚕，汉时对农桑业很重视，每年必由皇后举行养蚕仪式。这种采桑养蚕也是妇女们的劳动，汉乐府民歌中有一诗名《陌上桑》，叙述秦罗敷在春月采桑时严词斥责一个侮弄她的太守的故事。

秦汉以前，我国的纺织业绝大部分集中在黄河中下游，长江流域以及南方地区主要是生产麻织物。西汉时期养蚕丝织业重心也在北方，但我国南方也早有种桑养蚕方法在流传。位于长江中游的蜀中，蚕桑之利也极流行，四川成都和德阳汉墓出土都有"桑园"图砖，成都出土的"桑园"画像砖上，桑园设有门，一高髻妇女正在园内从事劳作。当时蜀地的人民栽桑养蚕，并生产全国著名的蜀锦。当时在长城以北和西北地区的广阔土地上，也有蚕桑业。1971年秋，在内蒙古呼和浩特市南的和林格尔县，发现汉代壁画墓一座，图的左上部画了一大片丛林，有女子在采桑，另外还画了一些筐箔之类的器物，表明庄园内是有蚕桑业的。崔寔的《四民月令》中，记载了从养蚕到缫丝、织缣、擘绵、治絮、染色的全部生产过程，说明养蚕织帛是庄园中的一项重要生产。根据壁画我们可知至迟到东汉晚期，中原的蚕桑生产技术已传播到边远郡县，内蒙古南部已经发展起蚕桑之业了。1972年，在距市中心约40里远的嘉峪关市东面的戈壁滩上发掘一东汉晚期砖墓。墓内有大量反映有关蚕桑、丝绢的彩绘壁画和画像砖，其中有采桑女在树下采桑、有童子在桑园门外扬杆轰赶飞落桑林的鸟雀，还有绢帛、置有蚕茧的高足盘、丝束和有关生产工具的画面。这说明当时河西走廊不仅是丝绸之路，而且也是农桑繁盛、丝绸生产的地区。

汉时由于农桑业的迅速发展，全国范围内都普遍植桑养蚕，绵帛生产激增。据《汉书·平准书》记载，在元封四年（前107）的一年中，官府收到民间的输帛500余万匹，根据现存的西汉牙尺推算，500万匹就是2400万平方米左右，而当时全国人口至多不过五六千万，由此可知当时纺织生产的发达。

2. 秦汉时期的纺织技术

汉时纺织品不仅数量大，而且纺织花色品种也已十分丰富多样。就丝织品来说，在缯或帛的总称下，就有纨、绮、缣、绨、䌷、缦、縠、素、练、绫、绢、縠、缟、繚、缯以及绵、绣、纱、罗、缎等色品种。汉代丝织物品种花色如此多种多样，可见织造技术达到了纯熟的境地，是汉代纺织工艺水平空前提高的标志。在麻织物方面，汉代的布以麻、葛为代表品，也有緆、绤、裕、绉、绖、繐、紵等许多品种。汉代还有把毛织成毡褥，铺在地上，叫作氍毹（地毯），或称毛席，是地毯的正式开端。

秦汉时各种纺织品的质量和数量都比前代大为提高。马王堆出土了许多精美绝伦的纺织品，反映了当时纺织技术的高度水平。仅在一号墓中，除殓尸用的高级纺织品服装外，还出土各种成衣50余件，单幅丝织品 46 卷，此外，还有绣枕、巾、袜、香囊、鞋、镜和乐器的袋套等，五光十色，可谓 2000 年前西汉初期丝织品和高级服饰的一次博览会。

绒圈锦

绒圈锦在 1972 年出土于湖南长沙马王堆汉墓一号墓，现藏于湖南省博物馆，是我国迄今发现的最早的起绒织物。

经鉴定，马王堆出土的丝织品的丝的质量是很好的，丝缕均匀，纵面光洁，单丝的投影宽度和截面积同现代的家蚕丝极为相近，表明养蚕方法和缫练蚕丝的工艺相当进步。马王堆出土的丝织物，从种类上包括了绢、绮、罗、纱、縠、锦等，许多织品的精细，令人赞叹。其中最能代表当时纺织技术水平的有两种织物：其一就是薄如蝉翼、轻软透明的素纱，另一就是手感厚丰、图案富丽的绒圈锦。

素纱织物，最能反映缫丝技术的先进水平，这种轻纱从观感上来说，可以和现代的尼龙纱相媲美。其中一件素纱单衣，衣长 128 厘米，袖长 190 厘米，全衣轻薄透明，领口、袖口都用绢缘，总重仅 48 克，这是用相当细的纱织造的。现代衡量纤维粗细的单位名称叫旦，它是用 9 公里长单纤维的克重来定义的，学名又称"纤维度"。旦数愈小，说明纱的纤维愈细。出土的素纱单衣的纤维度，经测定是 11.2 旦。出土的另一块宽 49 厘米、长 45 厘米的纱料，重量仅 2.8 克，其纤维度为 11.3 旦。更多的测定证明出土素纱的纤维度是在 10.2~11.3 旦之间，这完全可以和乔奇纱相媲美。素纱就是用这种纤细的丝加捻，经丝弱捻，纬丝强捻，用平纹织造而成的。这说明当时的缫丝、纺织技术均已达到很高水平。

　　锦是一种非常漂亮的提花织物，也可以经过精心的设计，织成花纹美丽的纹锦。此次出土的绒圈锦乃是在纹锦的基础上，使有纹样的地方用起圈的提花方法，用许多起圈的组织，构成突出在织物表面上的隆起的花纹。经分析研究，发现其织造工艺过程十分复杂。假如以幅宽为50厘米计算，所用经线的密度可达8800~11200根。其中有四分之一的经线是上一下三的规律，用手纹式提沉，其余的地经和起圈的绒圈经（由四根以上丝线合股拈成）则需要由提花束综来提沉。尤其是起圈时需用假纬（多股蚕丝或细竹丝）使起绒经绕假纬起圈，织好后再抽去假纬，即可达到起圈的目的。这种起圈的织法一直是绒类织物所必需的，例如现代的平绒就是普遍起圈再经过剪平之后形成的，而洗脸毛巾则是保留整圈不剪。马王堆出土的绒圈锦就是把提花和起圈联系在一起，在有花纹的地方形成突起的织物。构思之精妙，织造技术之高超，真可谓巧夺天工。

　　除素纱单衣和绒圈锦之外，马王堆西汉墓还出土了各种纹式图案的纱、罗、绮、锦等丝织品。有些是用提花方法织造的，也有一些则是用各种矿物染料（朱砂、绢云母、硫化铅等）和植物染料（靛蓝、茜草、栀子、炭黑等）印染而成的。不但有浸染，而且有套版印花、媒染等技术。这些都说明，除缫、络、纺、织等丝织技术之外，印染技术也达到十分精美完备的程度。从长沙马王堆汉墓出土的织物可知，汉代织物上的彩绘和印花，归结起来约为两种：一为彩色套印，一为印花敷彩。彩色套印的为印银白云纹灰色纱，以灰色方孔纱为地本，用白色和银粉套印成白色细线、金色小圈点的云纹图案，花色极为淡雅。印花敷彩的为印茱萸花敷彩柘黄纱，以柘黄色方孔纱为地本，先用黑色印出茱萸花枝干，然后用白、朱红、灰蓝、黄、黑等色加工描绘花和叶蔓。"两者的共同点是，线条细而均匀，极少有间断现象，用色厚而立体感强，没有渗花污渍之病，花地清晰，全幅印到，可见当时配料之精，印制技术之高，都达到了十分惊人的程度"[①]。我国印花和彩绘，起源于秦汉以前，但从未见过早期实物，从这批印花、彩绘织物娴熟的工艺水平看，它绝不是初创时期的产物，这是无可疑义的。

马王堆出土的纺织品中，还有一部分是麻织物。其中有灰色细麻布、白色细麻布和粗麻布，均质地细密柔软，白色细麻洁白如练，灰色细麻布灰浆涂布均匀，布面经过碾轧，平而有光泽。麻织物的原料经鉴定是大麻和苎麻，细麻布的单纤维比较长，强度和韧性也比较好。最细的一块苎麻布，单幅总经数达 1734~1836 根，相当于 21~23 升布，是我国首次发现的如此精细的麻织物。这些麻布的色泽和牢度，均和新细麻布一样，由此可见，当时从育种、栽培、沤麻、渍麻、脱胶、漂白、浆碾、防腐以及纺、织等技术，都已达到了相当高的水平。

汉代少数民族自织的布、帛、毡类纺织品亦多。当时东北地区的挹娄也能织些麻布，西南方的益州郡、永昌郡产毛织物、木棉布、火浣布（石棉布）。1955 年，在云南晋宁区石寨山，发现大批约当西汉时期的墓葬，出土了大量反映奴隶制生产和生活的器物，在一具贮贝器上，雕铸奴隶从事家内劳动的场面。一群装束不同的女奴隶环绕在中央高坐的滇族的奴隶主周围，从事纺织和其他家内劳役。1959 年，在新疆民丰县发掘出的东汉合葬墓里，出土的大批织物中有些是棉织品。如覆盖在盛着羊骨的木碗上的两块蓝白印花布，男尸穿着的白粗布裤和女尸的黄粗布手帕，都是用棉纤维织造的，证明 1800 年前，新疆地区就已经有了棉织印染业[②]。此外，

① 魏松卿.座谈长沙马王堆一号汉墓［J］.文物，1972，（9）.
② 新疆博物馆.新疆民丰县北大沙漠中古遗址墓葬区东汉合葬墓清理简报［J］.文物，1960，（6）.

《罗布淖尔考古记》所记烽火台遗址中出土的毛织品也不少。

汉代丝织品的图案花纹，是我国古代工艺装饰图案灿烂的一页。汉代丝织品图案花样繁多，有龙、凤、孔雀、豹首、双兔、双鹤、爰居等象形图案，又有云气华藻美丽生动的图案。《西京杂记》卷三有"尉陀献高祖鲛鱼荔枝，高祖报以蒲桃锦四匹"，又卷一载："霍光妻遗淳于衍蒲桃锦二十四匹，散花绫二十五匹"。蒲桃（葡萄）其时初传入中国，就被引作锦绣的最新图案。1924 年发现的诺颜乌兰的匈奴主古墓遗物，墓中绢布上面绣有彩色的山云、鸟兽、神仙、灵芝、鱼龙等物，在流云神仙中间，并刺有"新神灵广成寿万年"吉祥语。蒙古人民共和国通瓦拉古墓出土的汉代丝织物中，除各种花纹外，有"群鹄""交龙""登高"等字样，还有"云昌万岁宜子孙"等吉祥语文字。汉代丝织物组织复杂，花纹绮丽，证明当时人民已掌握了很先进的纺织技术。

3. 纺织机械

汉代纺织物如此精美，织纹极其复杂，织造这些织物的工具和工艺技术，当然也必然是先进的。新石器时代遗址中发现的纺轮很多，汉时纺轮仍沿用不废。新疆民丰古墓葬中出土带杆木纺轮一副，长 16.5 厘米，出土时放在女尸脚下。长沙西汉后期墓葬中也有纺轮出土，可知为汉代个体劳动人民所用之纺具。

汉代纺织工具，在山东肥城孝堂山郭巨祠、山东嘉祥武梁祠、山东滕州宏道院、山东滕州龙阳店、江苏沛县留城镇和江苏铜山洪楼、江苏泗洪等地出土的汉画像石上的纺织图中，可以见到有络车、纬车、织机三种，图中的织机构造比较简单，但可以看出当时的织机是由竖机向平机发展中的一种过渡样式，可能是汉代民间一般所常用的普通小型织机。汉代纺织工具见于文献的，有缣（纺）车（见《太平御览》卷八二五引《通俗文》），有榺、有络车（上书引《方言》），有机杼（上书引《列女传》），有棱（上书引《通俗文》）。

织机经过不断的改造，到汉昭帝时（前86—前74），巨鹿陈宝光妻创造了一部高级提花机。《西京杂记》说她所用之机，复杂至120蹑，须60日方成一匹，费工费时之多，实在惊人。这种丝织机之构造，属于特殊最精细的绫锦之织机，不便于一般织物适用，至于普通绫机，用蹑不会如此之多，至多五六十蹑够用。东汉王逸的《机妇赋》有一段对"花机"的描写："兔耳跧伏，若安若危。猛犬相守，窜身匿蹄。高楼双峙，下临清池，游鱼衔饵，瀺灂其陂，鹿卢并起，纤缴俱垂，宛若星图，屈伸推移，一往一来，匪劳匪疲……"赋中所说的"兔耳"是控制怀滚的装置，"猛犬"是对于引杆行筘的迭助木的形容。"高楼双峙"，是指提花装置的花楼和提花束综的综铳相对峙，挽花工坐在三尺高的花楼上，按设计好的"虫禽鸟兽"等纹样来挽花提综。挽花工在上面俯瞰光滑明亮的万缕经丝，正如"下临清池"一样，制织的花纹历历在目。"游鱼衔耳"是指挽花工在花楼上牵动束综的衢线，衢线下连竹根是衢脚，一般要1000多根，挽花工迅速提综，极像鱼儿在上下争食一样快。提牵不同经丝，有屈有伸，从侧面看，确如汉代人习惯画的星图。"宛若星图，屈伸推移"是一句十分形象化的比喻。"一来一往"是指"推而往，引而来"的打纬用的筘。这里把提花机的作用原理，描绘得惟妙惟肖，提花过程也描绘得十分具体动人。临淄、襄邑两地织工，精深技巧，思图发明织花机代替手工刺绣，汉成帝绥和二年（公元前7），诏书云："齐三服官诸官，织绮绣难成，害女红之物皆止，无作输"（《汉书·成帝纪》），是临淄织工在试制织花机。东汉永平二年（公元59），明帝率公卿大臣祭天地，各着五色新衣，明帝衣刺绣，公卿大臣衣织成，俱着襄邑服官所贡。襄邑织工发明织花机，不知在何年，至少在东汉初这种织物已为公卿大臣所服用。虽然织物精美程度比手工刺绣差，但以机械织花代替手工刺绣，这是一项重大的技术改造。世界公认欧洲开始有提花机的时间，较中国为晚，而且还可能受到中国的影响，英国学者认为西方的提花织机是从中国传去的，采用时间比中国晚四个世纪[①]。

（六）其他技术

1. 秦汉桥梁技术

秦汉时的桥工继承和发展了前辈巧匠的宝贵经验，将建桥技术提高到新的水平。

据《水经注》记载：渭水上有桥，称为渭桥（即中渭桥），秦始皇作离宫于渭水南北。《三辅黄图》说："始皇兼并天下，都咸阳，引渭水贯都以象天汉（象征天上的银河），横桥南渡以法牵牛（效法牵牛星

○ 长乐宫

长乐宫属于西汉皇家宫殿群，是古代汉族宫殿建筑之精华，与未央宫、建章宫同为汉代三宫。

---

① 夏鼐. 我国古代蚕、桑、丝、绸的历史 [J]. 考古，1972，（2）.

座），南有长乐宫，北有咸阳宫，欲通二宫之间故造此桥，广六丈，南北三百八十步，六十八间，七百五十柱，百二十二梁。"由此可见，这座桥是多跨梁式桥，共有68跨，由750柱组成了67个桥墩，每墩由11根或12个根柱组成。《三辅旧事》说此桥是"汉承秦制"，也就是说汉朝的渭桥和秦朝的差不多。这是第一个明确地说明了秦汉桥型和详细记载了尺寸的历史资料。秦时1丈约等于现今2.3米，6丈约合13.8米，这个数字接近于我国现代大中城市四车道城市桥的宽度15米。

和林格尔东汉墓壁画中的"渭水桥"图提供了当时桥梁的明晰形象。它是一座多跨梁桥，每跨端点连接处各有由4根木柱组成的排架式的桩支承着。这是某座渭桥的一个局部的简化图。

沂南汉墓和成都青杠坡汉墓都有桥梁画像砖，未注明桥名。它们都是多跨，两个边跨倾斜，中间诸跨水平。上部结构和桥柱都与渭水桥相仿。从三个相隔甚远的地区的汉代古墓中发现的桥梁图形竟是如此相似，足见这种多跨梁式桥是当时普遍采用的形式。

为什么桥梁是采取中跨水平边跨倾斜的形式呢？这是出于当时通航的需要。汉朝已有较高的船只，楼船即其一例。《汉书·薛广德传》曾载汉元帝欲乘楼船泛渭河去宗庙举行祭祀的事。汉代桥梁中段高起，可能是为了满足较高船只航行所需的净空。

据《三辅黄图》记载，渭桥南北两头筑有堤激（即泊岸），其作用在于抗波和防坍。砌筑泊岸仍是今天的桥梁工程、码头工程和水利工程常用的技术措施。

据和林格尔汉墓的"渭水桥"图，渭水桥的木柱顶部置有两跳斗拱承托盖梁（盖梁是横梁，用作纵梁的支承），桥头还立有华表（或灯柱），可见当时已很重视桥梁的建筑艺术。

《水经注》记载："秦始皇造桥，铁镦重，不胜。故刻石作力士孟贲等像以祭之，镦乃可移动也。"《三辅黄图》也有相同记述，且指明是建造渭桥。据《康熙字典》，镦有"千斤椎"之意，那么"铁镦"就是"大型铁椎"之意。《汉书》记载："秦始皇为驰道，道广五十步，三丈而树，厚筑其外，隐以金椎。"最后一句是用铁椎夯土坚实之意。秦始皇造桥，铁镦重不可胜，足见造桥时用了很大的铁椎。筑桥时桥台夯土和桥墩打桩都要用铁椎，特别是打桩时需要使用较重的椎。青杠坡出土的汉墓画像砖上的桥梁，木柱很多而且很细。这些桥柱倘若立脚于河底的天然土壤上是不行的，须在河底打桩，置柱脚于桩顶之上，方能承托全桥。由此可知，秦始皇筑桥时已使用了桩基础，汉朝推广了这种技术。

1957 年 4 月，河南新野县北安乐寨村出土了一批东汉画像砖，刻有拱桥的图形。砖上刻有一座单孔裸拱桥，桥上有驷马，车前有骑马者，桥下还有若干艘船。画面的线条极为清楚，一目了然。这幅图画明确无疑地提供了我国至迟在东汉已有拱桥的科学结论。

秦始皇建阿房宫时修的"阁道"，即天桥，因为上下有道，就称上道为复道。我国 2000 多年以前的能工巧匠这样精妙地处理双层交通问题，是值得后人借鉴的。

另外，栈道是木桥早期的一种形式；东汉已有伸臂式的梯桥，能靠斜撑支持悬于湖水之上，山东曲阜孔庙保存的东汉墓石有梯桥浮雕图。

2. 制镜技术

用青铜制镜子，在我国大约流行了 2000 年之久，到了近世才被玻璃镜所代替。汉代的铜镜，质量很好，历代都非常珍重。

镜是铸造的，正面平滑可以照人，背面常铸上文字和图案，这主要起装饰作用。关于浇铸的镜坯，如何加工使它光亮照人，《淮南子》上有一段简略记述，大意是：镜子铸好，不能照人，撒上了"玄锡"，再用毛毡磨打（"抛光"），才能照见眉毛头发。"玄锡"可能是二氧化锡，就是锡在熔化时，氧化而成的"锡灰"，因锡中常含杂质，所以是灰黑色，与"玄"字恰相符合。近代二氧化锡仍有用作抛光剂的。

汉武帝曾设"尚方"来监制镜子，所以在镜上常有"尚方作镜真大好"等类似文句。在王莽时代，镜铭上常有"汉有善铜出丹阳"句。汉朝生产一种叫"魔镜"的铜镜，这种镜又名"透光镜"，"魔镜"是欧洲人的称呼，认为是中国西汉人的伟大发明。这种镜就是一面平滑（反射面）一面有凹凸饰纹（背面）的青铜镜，但奇妙的是，用它的反射面把日光反射到壁上，能显出镜背的饰纹来。

今日透光镜已不多见，上海博物馆藏有两面西汉时期的透光镜，用此镜把日光或灯光聚光反映到墙壁上，能现出镜背上饰纹的朦胧映像。这说明了当时劳动人民已在铸造铜镜中，发现了由于应力所生的"透光"现象，并掌握了必要的研磨技术。

3. 其他技术

秦汉时期的科学技术在其他方面也取得了极大的成就。

1972年在长沙马王堆出土的西汉女尸以及1975年在江陵凤凰山出土的西汉男尸，尸体基本保存完好。这两具尸体在地下保存了2000多年仍然完好，雄辩地证明了西汉防腐技术的巨大成就。

汉代已经出现了指南仪器，王充《论衡·是应篇》："司南之杓（北斗第五、六、七颗星的名称，也叫"斗柄"），投之于地，其柢指南"，司南之杓，为磁性的勺子。将磁勺放到地盘上即能指南，解释上有困难，所以有人认为此句中"地"应为"池"，指"水银池"，柢为勺柄。原文的意思是："磁性的勺子，投到盛水银的小容器中，浮着的磁勺的柄将指向南方。"这说明当时人们对于磁体指极性和磁偏角的物理性质已有认识。

当时人们已开始把热膨胀与热应力用之于工程。《华阳国志·蜀志》

记都江堰工程时说："大滩江上，其崖崭峻不可凿，乃积薪烧之，故其处悬崖有赤白五色。"意即江上的悬崖很难开凿，就用火烧，然后冷却让石头爆裂。公元 2 世纪初成都太守虞诩，曾主持西汉水（嘉陵江的上源）航运整治工程，为了清除泉水大石，用火烧石，再趁热浇冷水，使坚硬的岩石在热胀冷缩中炸裂。《后汉书·虞诩传》注引《续汉书》说："下辩（今甘肃成县西）东三十里有峡，中当泉水，生大石，障塞水流，每至春夏，辄溢没秋稼，坏败营郭。诩乃使人烧石，以水灌之，石皆坼裂，因镌去石，遂无泛溺之患。"这是"火烧水淋法"。这表明秦汉时人们对于热膨胀与热应力学的认识。

汉武帝时，李少君为汉武帝设计了一场幻术。据说汉武帝死了爱妃李夫人，思念不已。当时的术士李少君说可以设法让其相见，他在一个夜晚"张灯烛，设帐帷"，让汉武帝远远地坐着。忽然，汉武帝看见帐帷之上有"好女如李夫人之貌"，忽而走动，忽而坐下。但又看得不甚真切。据后世人记载，当时李少君是用一种特殊的石头，刻成李夫人的形象，在帷帐与灯烛之间动作，帷帐之上就生成李夫人的影子在动作（见王嘉《拾遗记》）。在这里已有了光源、形象与屏幕三个基本部分，可以称得上是影戏的雏形。

1968 年，在河北满城西汉中山靖

长信宫灯

长信宫灯是汉代青铜器，曾作为中国 2010 年上海世界博览会展品展出，现藏于河北省博物馆。

王刘胜夫妇墓中发掘出大量的精美的器物，表现出了西汉时期的高超的手工技术水平。出土的"长信宫灯"，制作十分生动，灯的设计更为精巧，可以拆卸，灯盘可以转动，灯罩可以开合，随意调整灯光的亮度和照射的角度；宫女头部可以拆卸，体内空虚，右臂与烟道相通；通过烟道而来的蜡炬的烟被容纳于体内，以保持室内的清洁。出土的错金（把金丝嵌入器物表层，磨光后，面呈纹饰）博山炉是一种用来熏香的铜炉，高26厘米，分炉座、炉身和炉盖三部分，炉座用透雕方法通座雕满蟠龙纹。炉身的上部和炉盖铸出一层层高低起伏的山峦，在山峦之间还铸有猎人和奔驰的野兽，构成一副非常生动的群山行猎图案；炉的通身还有用黄金错出美丽的纹饰，更加显得光彩夺目。特别引人注目的是墓中两套完整的"金缕玉衣"，这两件金缕玉衣都是用2000多块玉片组成，每一块玉片四角穿孔，然后用黄金制成的丝缕编缀而成；玉片上的孔径仅1毫米左右，这充分表现出玉工们精湛的技术。

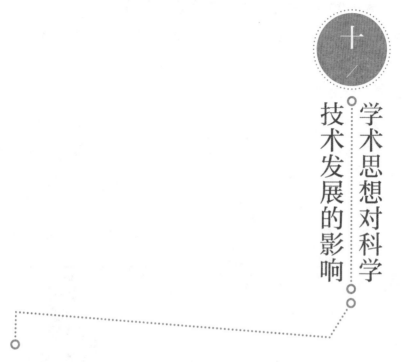

（一）董仲舒的"天人感应"说和谶纬之学的盛行

秦统一中国后，采取了一系列严厉的加强思想统治的政策，使十分活跃的学术思想受到禁锢，对于科学技术的发展产生了不利的影响。西汉前期，思想统治相对削弱，战国诸子学说又有复苏的倾向，学术思想呈现比较自由的景象，这种情况对当时科学技术的发展起了一定的作用。

汉武帝为了"大一统"的政治需要，采纳董仲舒（约前179—前104）"罢黜百家，独尊儒术"的建议，确立了儒家的正统地位和今文经学派的官学地位。董仲舒从解释儒学的经典着手，建立了一整套神学世界观，使儒学走上了宗教化的道路。他提倡"天人感应"的神学目的论，在政治上论证了专制统治的合法性和合理性，他虚构天的至高无上，以树立皇帝的最高权威，来维护和加强人间君主的统治。这就对科学技术产生了很大的影响，他排除了进行科学探索的必要性，认为宇宙内的一切，从自然界到人类和社会的所有现象，都是照着天的意志而显现的，"天者万物之祖，万物非天不生"（《春秋繁露·顺命》），而天创造万物的目的是为了养活人，即所谓"天之生物也，以养人"（《春秋繁露·服制象》），天又完全依照它自身的模型塑造了人，人的形体、精神、道德品质等，都被说成是天的复制品，与天相符的。这样"天人感应"就成为必然的了。于是灾异被认为是天的谴告，"灾者，天之谴也，异者，天之威也"（《春秋繁露·必仁且知》）。春、夏、秋、冬四季变化则是天的爱、严、乐、哀的表现，天气的暖、清、寒、暑则以帝王的好、恶、喜、怒来解释，等等。他几乎要窒息人们对自然现象的规律进行探索的任何生机，对科学技术的发展产生了极大的阻碍作用。

在汉武帝时期，由于董仲舒的这一段神学世界观刚刚确立，非正统的所谓异端思想还在进行顽强的反抗。"欲以究天人之际，通古今之变，成一家之言"（《汉书·司马迁传》）为抱负的司马迁，正是这样的代表人物。他反对在科学知识上面附上宗教迷信，使人"拘而多畏"，他批评"巫祝机祥"的迷信思想，对"天人感应"的神学世界观持批评的态度。在《史记》中，司马迁在同自然科学有关的一些问题上，显示了自己广博学识和求实精神，其《天官书》是我国现存

司马迁

司马迁是西汉时期的史学家、文学家、思想家，被后世尊称为"太史公"。他编著了《史记》，开创了纪传体史学。

的第一篇系统描述全天星官的著作;《历书》则表达了他关于历法的主张;《律书》《河渠书》《货殖列传》等则有关于音律学、水利、地理知识的记述。而且司马迁所开创的在史书中记录科学技术史料的先例,为后世所遵循。他的首创之功,不可湮没。

当时,诸子百家的学说在一些郡国还有一定影响,如淮南王刘安也正在这时召集宾客写成阴阳、儒、道、名、法毕集的著作《淮南子》。所以,这时的学术思想虽已向僵化的方向发展,但还有较大的活动余地。但到了甘露三年(前51)汉宣帝召集各地儒者到长安石渠阁开会,讨论经义异同,把董仲舒思想体系推到了唯一官学的地位;同时还禁封了诸子百家以及司马迁的著作,甚至由西汉王朝分封出去的刘姓诸侯王手中的这些著作也在禁封之列。从此以后,僵化的神学世界观广为泛滥。

西汉末年,随着社会矛盾的加剧,谶纬之说开始广泛流行。谶纬是一种庸俗经学和神学的混合物。谶是用诡秘的隐语、预言作为神的启示,向人们昭告吉凶祸福、治乱兴衰的图书符箓。这类宣扬迷信的作品,往往有图有文,所以也叫图书或图谶;为了显示它的神秘性,又往往作一些特殊的装饰(如王莽的《金匮书》和刘秀的《赤伏符》)或染成一种特殊的颜色(如《河图》《洛书》被染成绿色),所以又称符命或符箓。纬是用宗教迷信的观点对儒家经典所作的解释。因为经文是不能随意改动的,为了把儒学神学化,纬书就假托神意来解释经典,把它们说成是神的启示。谶纬说中虽然也包括一些天文、历法和地理知识,但大部分充满着神学迷信的内容。这时今文经学同谶纬之说结合起来,更成为十分荒谬、烦琐、庸俗的混合物,成了统治阶级的思想武器,成为科学技术发展的严重障碍。

东汉统治者一开始就利用谶纬之说,并力图把它合法化。光武帝于中元元年（公元56）"宣布图谶于天下"（《后汉书·光武帝纪》），把图谶国教化。汉章帝更于建初四年（公元79）召集白虎观会议，这次会议的讨论记录，后来由班固整理成书，名为《白虎通德论》，或简称为《白虎通》《白虎通义》，成了谶纬国教化的法典，使今文学说完成了宗教化和神学化。正当"天人感应"说和谶纬之学盛行时，一些科学家开始觉醒，他们冲破神秘主义的迷雾，写出了一些著名的作品，给宗教化和神学化的儒学以有力打击。

（二）扬雄及其《法言》

扬雄（公元前53—公元18），字子云，成都人，是我国西汉末年一位重要的哲学家、文学家和语言学家。他的先世是做官的，后来没落为"以农桑为业"，因此扬雄在官场上毫无地位，后来由于奏《羽猎赋》得到皇帝的赏识，"除为郎"，历成、哀、平三朝而不升迁，一直到王莽代汉后，他才"以耆老久次转为大夫"，后因政权内部矛盾，几乎送了命（《汉书·扬雄传》）。

扬雄的一生，处于西汉由盛转衰之时，整个社会呈现出一种风雨飘摇、朝不保夕的动荡惶惑状态。扬雄由于其出身和经历的影响，成了当时统治阶级中下层的思想代表。他出于补救统治思想危机之心，写成《法言》一书。史称《法言》为模仿《论语》而作，至于取名《法言》，则本于《论语·子罕篇》"法语

《法言》

《法言》在我国古代唯物主义发展史上占有一定的地位，也是研究这一课题的人相当重要而不可或缺的一部书。

之言，能无从乎"和《孝经·卿大夫章》"非先王之法言不敢道"。"法"有准则和使物平直的意思，所以"法言"就是作为准则而对事情的是非给以评判之言。《法言》形式上类似语录，一条一条的。全书共13类，每卷30条左右，最后有一篇自序，述说每篇大意和写作意旨，但并不能完全概括各卷的内容。各卷在内容上也有交叉。所以自序实际上是扬雄借此更进一步阐述自己的思想。《法言》的内容很广泛，对从哲学、政治、经济、伦理，到文学、艺术、科学、军事乃至历史上的人物、事件、学派、文献等，都有所论述。阅读《法言》除了能对扬雄的思想有所了解外，还可以知道许多西汉末年以前的历史知识和文化知识。

扬雄作《法言》，反对方士巫术、象龙致雨、神仙不死等，对人类能否成仙而长生不死明确否定，他认为："吾闻伏羲神农殁，黄帝尧舜殂落而死，文王毕，孔子鲁城之北。独子爱其死乎？非人之所及也。仙亦无益子之汇矣。"又说："有生者，必有死；有始者，必有终。自然之道也。"（《君子》）同时他对传统的天命思想表示不满，甚至不承认天有作用，如对项羽死前说的"此天亡我"，他就明确表示反对，认为"汉屈群策，群策屈群力。楚憞群策而自屈其力。屈人者克，自屈者负。天曷故焉？"（《重黎》）。对于古代流行的天命500岁一循环、500岁而有圣人出的神秘主义思想，他也不赞成。

在认识论问题上，《法言》中反对生而知之，强调后天的学、习和行，如说"习乎习！以习非之胜是也，况习是之胜非乎"（《学行》）。强调感官闻见在认识中的作用，如说"多闻则守之以约，多见则守之以卓。寡闻则无约也，寡见则无卓也"（《吾子》）。他还反对没有验证的妄言，认为"君子之言，幽必有验乎明，远必有验乎近，大必有验乎小，微必有验乎著。无验而言之谓妄"（《问神》）。

《法言》在历史上的作用和影响，在很长时期内是比较大的。最突出的有两方面：一是《法言》中所表现的对以董仲舒哲学和谶纬经学为代表的神学目的论的怀疑和不满，为后世的唯物主义哲学家所继承和发扬，促进了我国古代唯物主义哲学和无神论思想的发展，对科学技术的发展起积极作用；二是扬雄在《法言》中所表现的捍卫正统儒学的精神，对后世儒家所谓道统的建立有重要的启发作用。扬雄在《法言》中认为，孟子在他的时代为捍卫孔子学说做出了重大贡献，他要学习孟子，在汉代担负起捍卫正统儒学、批判诸子异说的任务。《法言》对后世所产生的这两方面的影响，既是矛盾的又是统一的，但在当时神学迷信作为正统的官方思想弥漫泛滥于整个社会的情况下，他独能发表这样一些怀疑和不满，是很不容易的。

（三）桓谭及其《新论》

桓谭（公元前 40—公元 32），字君山，沛国相（今安徽淮北市）人，生活于西汉末年到东汉初年，曾在农民起义的更始政权中担任过太中大夫。他好音乐，善鼓瑟，遍习五经，精天文，主张浑天说。因宗弘荐拜议郎给事中。桓谭的主要著作《新论》早已失散，现在见到的本子是后人辑录的。

桓谭明确指出，谶记纬书是"奇怪虚诞之事"，并非"仁义正道"，应该而且必须抛弃。他指出，谶纬预言虽然也有偶然巧合的时候，但完全不足凭信。他说，王莽崇信谶纬，临死时还抱着他的符命不放，但这并不能挽救他灭亡的命运。王莽的失败，是由于"为政不善，见叛天下"，并非什么天意。所以，在桓谭看来，唯一"有益于政道者，是合人心而得事理"（《后汉书·桓谭传》）。从这种观点出发，桓谭反对一切的灾异迷信，他说"灾异变怪者，天下所常有，无世而不然"（《新论·谴非》）。也就是说，灾异的变化是自然的现象，并没有什么奇怪。他批判当时的儒学信徒把灾异当作上天的谴告，认为这是很荒唐的。他认为连孔子都讲不清楚"天道性命"，后世的"浅儒"怎么会知道呢？因此桓谭公开对刘秀说自己不读谶，对谶纬表示轻蔑。刘秀非常恼怒，说桓谭"非圣无法"，要杀他的头。结果桓谭被贬为六安郡丞，在赴任途中病卒。

桓谭还反对方术士所宣扬的通过服"不死之药"，达到"长生不老""羽化成仙"的神仙思想，桓谭认为，"生之有长，长之有老，老之有死，若四时之代谢矣。而欲变异其性，求为异道，惑之不解者也"（《新论·形神》）。他把人的生死现象看成一种自然现象，这对秦皇、汉武以来，方士之流所宣扬的"长生不老"是有力的批判。

神仙思想的认识论基础，是认为精神可以脱离形体而存在，精神对形体起决定性作用，如果"养神保真"，就可以长生不死。桓谭认为，精神是依赖于形体的，形体对精神起决定性作用。他用蜡烛和烛火的关系来说明形体和精神的关系，"精神居形体，犹火之燃烛矣……烛无，火亦不能独行于虚空"（《形神》），脱离形体的精神是不存在的。

桓谭的思想直接受到扬雄的影响，在其著作中，桓谭曾多次高度赞扬扬雄及其《法言》和《太玄》，甚至把扬雄比作孔子，《汉书·扬雄传》记载桓谭评论扬雄说："昔老聃著虚无之言两篇，薄仁义，非礼学，然后世好之者尚以为过于《五经》……今杨子之书文义至深而论不诡于圣人，若使遭遇时君，更阅贤知，为所称善，则必度越诸子矣。""杨子之书"指的就是《法言》，可见他对扬雄和《法言》的推崇。

当时，除了扬雄、桓谭外，就连在斗争中动摇不定、比较温和的贾逵，也曾历数谶纬之说的弊端。这说明了思想界反对谶纬之说的广泛性。这种反对谶纬迷信的思想斗争，对于当时科学技术的发展产生了一定的影响。尤其是桓谭，他所阐发的唯物论和无神论观点，在哲学史上具有重大意义，并对稍后的唯物主义思想家王充，有直接的影响。

（四）王充及其《论衡》

王充（公元27—约97），字仲任，会稽上虞（今浙江上虞）人，出身"细族孤门"，青年时游学洛阳，家贫无书，常到市肆（店铺）"阅所卖书"。曾做过几任州、县官吏，他疾恨俗恶的社会风气，常常因为和权贵发生矛盾而自动去职，以至于终身"仕路隔绝"不得通显。他十分推崇司马迁、扬雄、桓谭等人，继承了这些先行者的叛逆精神，与"天人感应"的神学目的论和谶纬迷信进行了针锋相对的斗争。在斗争中，王充建立了一个反正统的思想体系，无论在当时还是后世都产生了深远的影响。

在《论衡·自纪篇》中，王充说自己一生作四部书，因"疾（厌恶）俗情，作《讥俗》之书"；"又闵（忧伤）人君之政……故作《政务》之书"；"又伤（痛感）伪书俗文，多不实诚，故为《论衡》之书"；晚年作"养性之书"。但今天只有《论衡》一书被保存下来。《论衡》全书85篇，20余万言。所谓论衡，是说他所论述的是铨衡真伪的道理。在这部书里，他全面地批判了以神秘主义为特征的汉儒思想体系，系统地阐述了他的朴素唯物主义思想。

王充在《论衡》中，充分利用科学知识为武器，无情地批判了"天人感应"说和谶纬迷信。这些科学技术知识有的是当代的成果，有的则是王充本人对自然现象认真地观测研究的心得。于是，《论衡》不但是我国古代思想史上一部划时代的杰作，而且也是我国古代科学史上极其重要的典籍。由《论衡》我们看到，一方面正是王充冲决了正统思想的束缚，而在科学技术一系列问题上提出了精辟的见解；另一方面，正是王充勤奋学习，努力掌握当代的科学实践，从而获得同正统思想作斗争的勇气和力量，并为阐明自己的思想体系提供了有力的依据。

王充继承和发展了古代的元气学说，以元气自然说与神学目的论相抗衡，从而体现出两个思想体系"两刃相割"的总态势。王充认为世间万物都是由物质性的"元气"构成的。"天地，含气之自然也"（《谈天》），"天地合气，万物自生，犹夫妇合气，子自生矣"（《自然》），即认为天地万物都是由"元气"自然而然地构成的，既然天与万物一样，都是客观存生的自然实体，没有什么手足耳目等感觉器官，因而，天也就没有意识性活动，更谈不上什么嗜欲，不可能有目的地创造万物。王充还认为，自然界的变化，只是元气运动的结果，和人世间的变化根本不存在感应关系；至于宣扬帝王是天的儿子，代表"上天"的意志来统治人民，统治有了偏误，便会发生灾异，说是"天造谴告"，这些王充都斥之为虚妄无稽之谈，并用形式逻辑的方法，否定了天有意识等正统观念。

元气自然说是王充说明许多自然现象的重要出发点，在批判"天人感应"说和各种迷信思想时，他更从具体地考察自然现象的特殊性入手，以无可辩驳的科学事实，给予强有力的批判。

针对董仲舒土龙致雨的迷信，王充考察了云雨产生的自然机制。指出"雨露冻凝者，皆由地发，不从天降也"（《说日》），即雨并不是天上固有的，而是由地气上蒸，遇冷"冻凝"而成的。先是"云气发于山丘"（《感虚》），而后"初出为云，云繁为雨"（《说日》），科学地解释了降雨的机制。既然云雨是有规律可循的自然现象，那么一些向天求雨止雨的举动都不过是无用的蠢事。王充还指明了云、雾、露、霜、雨、雪等，只是大气中的水在不同气温条件下的不同表现形式，这是王充在同迷信的斗争中取得的合乎科学的可贵见解。

对于雷电是所谓"天怒"的表现，雷电击杀人是"上天"惩罚有罪之人的说法，王充也给予有力驳斥。他认为雷电是由"太阳之激气"同云雨一类阴气"分争激射"而引起的，这是关于雷电成因的直观、朴素的猜测。由此，王充用自然界本身的原因说明了雷鸣电闪只是一种自然现象，而绝不是什么"天怒"。依照这个原理，王充还说明雷电发生的季节，"正月阳动，故正月始雷；五月阳盛，故五月雷迅；秋冬阳衰，故秋冬雷潜"，驳斥了所谓"夏秋之雷为天大怒，正月之雷为天小怒"的无稽之谈。王充还用"雷者，火也"，"人在木下屋间，偶中而死矣"（以上引文见《雷虚》），说明雷电杀人的现象。

与把虫灾的发生同贪官污吏为害等同起来的观点不同，王充把这两者区别开来，指出虫的特性和一定的生长条件，"甘香渥味之物，虫生常多"，"然夫虫之生也，必依温湿，温湿之气，常在春夏，秋冬之气，寒而干燥，虫未曾生"，并且注意到虫有它们自己的生活史，"出生有日，死极有月，期尽变化，不常为虫（《商虫》），进而谈到干暴麦种、煮马粪汁浸种和驱赶蝗虫入于沟内加以消灭等防治病虫害的办法。这些认识和措施都是与"天罚说"相对立的。

针对潮汐现象是鬼神驱使而生的迷信说法，王充把潮汐涨落同月亮盈亏联系起来，指出"潮汐之兴也，与月盛衰，大小、满损不齐同"。同时，他还注意到河道"殆小浅狭，水激沸起"（《书虚》）的现象，并以此作为说明涌潮现象产生的一个原因。这些科学的创见，对有神论是有力的打击。

王充还对人的生死变化作了唯物主义的解释。他认为"阴阳之气，凝而为人，年终寿尽，死还为气"，"人之所以生者，精气也，死而精气灭。能为精气者，血脉也，人死血脉竭，竭而精气灭"，"灭而形体朽，朽而成灰土，何用为鬼？"（《论死》）。对于那些"道术之士"，企求"轻身益气，延年度世"的荒诞思想，王充也予以批驳，提出了"有始者必有终，有终者必有死。唯无终始者，乃长生不死"（《道虚》），把认识提升到了新的高度。这里王充利用当时的医学成就，继承了桓谭等人关于形神关系的唯物见解以及对"长生不老"术的批判，阐述了无神论和朴素辩证法的观点，对当时和后世鬼神迷信观念都是有力的抨击。

在王充的思想中，也包含有宿命论等唯心主义的糟粕，他对一些自然科学问题的见解也不尽正确，甚至落后于他同时代的人，这一方面同当时科学发展的水平有关，也同王充本人存在的片面的思想方法有关。但是王充毕竟建立了一套反封建神学的"异端"思想体系，而且在同"天人感应"和各种迷信思想的斗争中，王充所应用的科学武器涉及天文、物理（力、声、热、电、磁等知识）、生物、医学、冶金等领域，这反映了王充有关于科学技术的渊博知识，更反映了当时科学技术的发展水平。王充的思想，代表着当时人们要求从实际出发，探索自然界发展规律的社会要求。又由于生产的发展，人们获得越来越多的感性知识，这就要求突破旧的思想的束缚，开拓科学技术发展的新道路。王充唯物主义思想体系的建立，是这一时代的产物，它确实为新道路的开拓提供了锐利的武器。

十一

中外科技文化的交流

秦汉时中外交通贸易得到了较大的发展，我国同各国人民的往来日趋频繁，这既增进了友谊，又加强了科技文化的交流。当时我国发达的科技文化，也对许多国家的社会经济产生了一定的影响，各国的优秀科技文化也不断丰富着我国的文明宝库。

（一）中外贸易交通

1. 海路交通

我国同朝鲜、日本之间的交通开辟较早，在朝鲜和日本都曾有汉代文物出土。秦始皇为了求取长生不老药，曾派方士徐福带着童男童女数千人，率领船队航海去寻找三神山。据传，这支船队到达了日本，并在日本定居下来。到汉武帝时，日本国土上的百余个小国中有 30 多个小国通过朝鲜与中国交往。通往东南亚诸国和进入印度洋的航路已经开辟，而且交往频繁。在印度尼西亚曾发现不少汉代文物，说明当时两国间已有经济、文化交流。据《汉书·地理志》记载，汉武帝时曾派使臣、贸易官员以及应募商民，从合浦郡的徐闻县（今广东徐闻县西）出发，行船经 5 个月到都元国（苏门答腊），又行船约 4 个月，到邑卢没国（缅甸太公附近），又行船 20 余日，到谌离国（缅甸伊洛瓦底江沿岸），然后弃舟步行 10 余日到夫甘都卢国（缅甸蒲甘城附近），又行船 2 月余，到黄支国（印度建志补罗）、自此往南可达到已程不国（斯里兰卡）；自黄支国返航，经印度东海岸航行 8 个月到皮宗（马来半岛），又行 8 个多月返回。这是我国船舶经南海，穿越马六甲海峡在印度洋上航行的最早记录。东汉桓帝延熹九年（166），大秦（罗马帝国）王安敦派遣使者航海来到中国，从而开辟了中国和大秦之间的海上通路。

与此相适应的是航海船舶的发展和航海术的进步。这时的航海术，大抵是依沿海地理等知识的了解，凭航海者的经验沿海岸航行，但天文航海的知识也不断增长并得到运用。汉初《淮南子·齐俗训》曾说到在大海中航行"夫乘舟而惑者不知东西，见斗极则悟矣"，这是人们已经使用天文知识以确定航向的说明。

2. 陆路交通

秦汉时期中外陆路交通也很发达。张骞于汉武帝建元三年（前138）和元狩四年（前119）先后两次出使西域，到达了中亚、西亚若干国家和地区。张骞死后，汉武帝又派使节继续往西探行，从而开辟了举世闻名的始自长安（西安）、西至大秦等地的"丝绸之路"。

"丝绸之路"分为南北两条大道。南路经敦煌、鄯善（新疆罗布淖尔南面的石城镇）、于阗（新疆和田）、莎车等地，越葱岭（帕米尔）到大月氏（阿姆河流域中部）、大夏（土库曼斯坦国境一带）、安息（即波斯，今伊朗），再往西达条支（伊拉克、叙利亚一带）、大秦等国和地区。北路经敦煌，沿天山南麓的车师前王庭（即高昌，今吐鲁番）、龟兹（库车）、疏勒（喀什）等地，越葱岭北部，到大宛（今乌兹别克斯坦费尔干纳一带）、康居（即康国，今乌孜别克斯坦境内），再往西南经安息，而西达大秦。这两条大路成为当时经济交流的大动脉。那时，中国的丝织品在国际上享有盛誉，通过这两条通路输出的商品主要是丝织品，所以被称为"丝绸之路"。"丝绸之路"是古代中国同中亚、西亚各国经济文化交流的友谊之路。

这时通往印度的陆路也有两条。张骞在大夏时，曾看到四川的竹杖和蜀布，并询知是由身毒（印度）转运而来，这说明到印度的通道早已开辟。在公元 2 世纪以前，由四川经云南往南到缅甸的陆路已经通达，当时中国的物品可能就是经此道由缅甸转往印度。而在张骞出使时，曾派遣副使由大夏到身毒，这就开辟了到印度的第二条通道。汉武帝元狩元年（前 122），张骞曾从西蜀的犍为（四川宜宾）出发，想探寻前往身毒的捷径，但没有成功。

（二）科技文化的交流

1. 汉代纺织品的外传

西汉时开始有大量的锦绣罗縠输往少数民族地区，作民族间的经济往来。《史记》《汉书》都称西北匈奴不重珠玉、喜爱锦绣，汉代每年必赐匈奴许多锦绣。《汉书·匈奴传》记载，景帝前元六年（前 151）报单于书，赠送礼物有"绣十匹，锦二十匹，赤绨绿缯各四十匹"。又说，"单于好汉缯絮食物"。《后汉书·南匈奴传》说汉朝皇帝赐给单于"黄金锦绣，缯布万匹"，又赐"彩缯千匹、锦四端"，"赐单于母及诸阏氏、单于子女及左右贤王、左右谷蠡王、骨都侯有功善者缯彩合万匹"。这样的赠赐不止一次，而是"岁以为常"。除了赐予外，汉朝廷还指定官员用黄金及丝织物与匈奴、西羌、南蛮等少数民族交换各物。

古楼兰曾是西域转运和销售汉丝绸的重要市场。新疆罗布淖尔考古所得汉代的丝织品，有彩巾、帕、丝织方枕、丝织残片、方眼纱罗、丝绵等，这是汉丝输入楼兰的例证。新疆民丰东汉古墓中出土有汉代布帛制成的服饰，有蓝白印花布残片、淡青色绸衣、绣花镜袋、绣花粉袋、"万世如意"锦袍、"延年益寿宜子孙"锦袜、手套、绸上衣、绸衬衣、绸裙等丝织物，都是汉时从内地输入的。汉代西域同内地的商业往来频繁，物资交流十分通畅，张骞两次出使西域，据《汉书·西域传》记载，带去的货物，"牛羊以万计，赍金币帛直数千巨万"。此后，汉廷常

古楼兰

楼兰城遗址在今中国新疆罗布泊西北岸。汉武帝初通西域，使者往来都经过楼兰。

将大量绮绣杂缯等赠送给西域各地的贵族，西域的商人源源不断地来到内地购买各种货物，其中尤以丝织品为大宗。此外，中亚各地的商人也大批通过西域来到中国内地经商。密切了西域和内地之间的经济交往和文化联系。

汉代丝织品外销的范围极广，近如朝鲜、蒙古，远及西亚、欧洲都重视中国锦绣，有因互市或赠送关系，有因商人贩运远输国外。

朝鲜平壤附近乐浪王盱古墓中曾出土菱形纹绢残片、罗、缏、绢组纽及组緁纽等，皆是东汉建武、永平时物，颜色美丽，织造技术纯熟，这是汉丝织物输入朝鲜的例证。

蒙古人民共和国诺颜乌兰古墓遗物，纺织物有东汉建平年间的绢布和毛织物，在绢布上绣有彩色的山云鸟兽神仙等物，在流云和神仙中间织有"新神灵广成寿万年"吉祥语文字。另外，在蒙古人民共和国通瓦拉古墓出土丝织物更多。这些丝织物上，除绣有各种花纹外，还有"云昌万岁宜子孙"等吉祥语文字；有些织品上有"群鹄""交龙""登高"等织文字样。这些都是汉丝输入蒙古，在考古材料上的明证。

古代西域是不产丝的。《史记·大宛传》说："自大宛以西至安息……其地皆无漆丝"，这是武帝时，西域尚未有产丝的记载。《后汉书·西域大秦传》记载："又常利得中国缣丝，解以为胡绫绀纹"，又说："安息欲以汉缯彩与之交市，故遮阂不得自达"，这是汉代史籍里关于丝传入西域的记载。汉代向西域诸国换马和杂厵，也用的是锦绣和其他丝织物。汉武帝每年都派遣使者到西方各国出使，又代表国家商队和西方各国进行频繁的商业贸易。

当时有一部分中外商人以番禺为采集地，通过海路，先把丝绸运到印度、锡兰，然后转口到安息，或是经红海以达开罗，再由开罗运往叙利亚的泰尔、培卢特等地，就在当地把从中国运来的丝绸进行复制加工

（染色、绣花，或是把生丝络出后掺上麻，再织成胡绫），然后运销罗马帝国。泰尔、培卢特两城竟因而成了叙利亚的丝织中心。

古代西方对我国称为"塞里斯"（Seres，意为"丝国"或"制丝的人"）。"塞里斯"这一称呼，屡见于西方古籍，曾沿用了好几个世纪。据考"塞里斯"一词，系从古希腊语"塞尔"（Ser，意为"丝"）转来。原来，中国的丝和丝织品早在春秋战国时期，就已名扬海外，那时的希腊人，就已经用"塞里斯"来称呼中国。这说明我国的丝织品早在"丝绸之路"开辟之前便已经传入了欧洲。张骞通西域后，进一步打开了东、西方的陆路交通，中国丝绸被大量运销至以罗马为中心的地中海各国，"丝国"的称呼就更为广泛流传了。公元 1 世纪时，罗马博物学家普林尼（公元 23—79）在他的名著《自然史》里写道："中国产丝，织成锦绣文绮，运至罗马……裁成衣服，光辉夺目，人工巧妙，达到极点。"并说："中国或作塞里斯，在希腊古语里意思是丝。"公元 2 世纪时，希腊著名地理学家托勒玫在他所著《地理》一书中，也曾几次提到马其顿商人，经由大夏"向称为丝国的中国去贩运丝织物"的情况。贩运、经营中国丝绸，是当时中亚以至地中海诸国的一项重要商业活动。

中国丝绸的西运，大大丰富了当地人民的物质文化生活。华丽、轻柔的丝绸传入欧洲后，被认为是最上等的衣料。最初，即使在欧洲的政治、经济中心罗马，也只有少数贵族妇女穿着，以示炫耀。据说在罗马共和国末期，有一次连恺撒穿着绸袍看戏，都被当时人非议，认为过分奢侈。罗马帝国的统治者提比乌斯，为了防止罗马货币的外流，曾以奢华逾制为理由，试图禁止罗马人穿用中国的丝绸织品，但没有成功。而一些转售中国丝绸的商人和国家却取得了极大的利润。

中国和罗马之间的丝绸贸易，无论是陆路或是海路，都要经过好几个国家的转口。由于安息地处丝路的必经之道，因此从很早的时候起，安息就操纵着中国和罗马间的贸易。《后汉书·西域传》载："其（大秦）王常欲通使于汉，而安息欲以汉缯彩与之交市，故遮阂不得自达。"《三国志·魏志》注引《魏略·西戎传》也说："常欲通使于中国，而安息得其利，不能得过。"罗马帝国亟欲与中国建立直接的贸易关系。直到公元166年，大秦安敦王派的使节由海路到中国，和汉廷谈判中国和地中海各地建立正常的海上贸易问题，以后才开始有了中国和欧洲的直接交通。

汉代的纺织品，不论在产量和质量上都有了很大的提高，精美的丝织品在世界文化史上占有重要的地位，在国际市场上有着卓著的声誉，中国被冠以"丝国"的称号，是当之无愧的。公元1世纪时，汉代华丽、精美的丝绸就通过横亘欧亚的"丝绸之路"向外国输出传播，在世界历史中产生了极大的影响。

2. 中外科技文化的交流

中外海陆交通的发达，大大增加了人们的地理知识。张骞曾把他亲身经历和传闻中的国家，如大宛、康居、奄蔡（里海东北）、大月氏、大夏、安息、条支、身毒等国家和地区的人口、兵力、物产、城镇、交通、河流、湖泊、气候以及彼此间的相对位置和距离等，作了不同程度的介绍，这些知识载于司马迁的《史记·大宛列传》中，是我国古代有关中亚、西亚、南亚一些国家经济地理最早的记载。又如，汉和帝永元九年（公元97），甘英出使大秦，西抵波斯湾，为风浪所阻，未达目的地，但他回国后，把沿途见闻详加介绍，"莫不备其风土，传其珍怪焉"，"皆前世所不至，山经所未详"（《后汉书·西域传》）。这对各国人民间的相互了解，对科学技术的交流都起了积极的作用。

中外海陆交通的发达，使人员的往来更为频繁。仅沿"丝绸之路"，汉武帝以后，我国西往的使者，一年之中多则十余次，少则五六回，来回时间长的达八九年，短的也有几年。沿这条道路保持着大规模的经济贸易往来，伴之而来的则是科技文化的交流。秦汉时期沿海、陆通路，我国出口的主要物资是丝绸、铁器（包括铁农具和兵器）和漆器，与之相应的是丝帛生产技术、冶铁术和髹漆技术的传播。这些技术对朝鲜、日本、东南亚以及中亚、西亚、南亚、西南亚各国都产生了广泛的影响。

中国的铁器和农业生产技术也在这时传入越南，越南人民推广了铁犁和牛耕等农业生产技术，发展了农业生产。越南人民用土特产和中国的铁制农具互相交换，丰富了彼此间的经济文化生活。印度、缅甸等国与中国的关系也很密切，汉和帝永元六年（公元94），永昌（今云南大理白族自治州及哀牢山地区）境外的敦忍乙王莫延曾派使者来访，双方互赠礼物。永元九年（公元97），缅甸北部的掸国王雍由调派遣使臣向汉王朝赠送珍宝，东汉政府则以金印回赠。安帝永宁元年（120），雍由调再次遣使来汉，并"献乐及幻人"，缅甸的音乐和杂技，在当时深受欢迎。自从印度的佛教传入中国后，汉与印度的联系就日趋密切。特别是汉明帝派蔡愔去印度取经以后，印度的僧侣大量来到中国，译佛经，传佛学，对中国的文化思想产生了重大影响。

自张骞通西域后，中西交通日见发达，除外交活动外，商业贸易也日益频繁。那时，商人们除了将中国的丝织品运往西方外，我国的冶铁技术、铁器、井渠法和穿井法也传入大宛、安息等国。《史记·大宛传》记载："自大宛以西至安息……其地皆无丝漆，不知铸铁器。"他们的漆器和冶铸技术都是从中国传去的，而且通过大宛等国，往西传至更远的罗马等地。井渠法和穿井术传入大宛，对农业生产的发展产生了有利的影响。

汗血马

汗血马即汗血宝马,是世界上最古老、人工饲养历史最长的马种之一。主要在中亚国家繁衍生息,是土库曼斯坦的国宝。

玳瑁

玳瑁是一种可以消化玻璃的海龟,其分布在广大的海域中,主要发现于大西洋和太平洋的热带地区。

与此同时,朝鲜的人参,大宛的汗血马、花蹄牛、鸵鸟,大夏的石榴,大宛的葡萄、苜蓿、芝麻,安息的胡桃(核桃)、胡豆(蚕豆)等植物品种,毛布、毛毡、毛毯等织物和象牙、犀角、玳瑁等,东南亚、南亚的香料、珍珠等,也都传到我国,增加了我国的动植物品种和药物种类,丰富了我国人民的物质和文化生活。

此外,中亚的箜篌、琵琶、胡笳、胡角、胡笛等乐器和乐曲、舞蹈也传入我国,给我国的古典音乐注入了新的声律,古典歌舞场面为之一新。还有犁靬(有人认为是条支的一个港口庇特拉,也有人认为是埃及的亚历山大城,都属于罗马帝国范围)人的幻术(眩人)也在这时传入中国。中西文化交流,互通有无,有利于社会发展。

在相互交往的过程中，各国人民取长短补，创造了融混中外特色在一起的新物品。如在楼兰，曾发现汉代织有中国和希腊混合风格图案的丝织品；和田出土的一种铜钱，一面铸有汉文"廿四铢"字样，另一面铸着马的图像和法卢文字；日本曾利用中国的铜器熔铸具有日本民族风格的器物；等等。

十二

结 语

秦汉时期是我国古代科学技术体系的形成时期，我国古代传统的天文学、算学、农艺学、医药学四大学科，在这时均已形成了自己独特的体系。

天文学在秦汉时得到相当大的发展，这与农业生产的发展是相适应的，因为只有更精确的天文学，才能更正确地推算出与农业有关的季节来。在汉代，天文学研究者分为盖天、浑天、宣夜三派，他们各有自己的天文学思想，虽然在今天看来，他们都还不全面或不正确，但当时的天文学者，敢于大胆地立假说，这就表明了他们探求宇宙的精神。当时的天文学家，不仅敢于做科学的假说，而且不断地用简单的仪器进行天文的测量，来验证他们的假说。据《汉书》记载，武帝太初元年（前104），曾立晷仪下漏刻，以追求二十八宿的地位；武帝时，落下闳又创制天文仪器——浑天；宣帝时，耿寿昌更铸铜为象，以测天文。和帝永元十四年（102），霍融改进漏刻，十五年（103），贾逵创制太史黄道铜仪，定黄道宿度。顺帝阳嘉元年（132），张衡妙尽璇玑之正，作浑天仪，推测星辰的出没移动，皆甚准确，张衡又作候风地动仪，测验地震，亦无不应验。

因为有不断的天文测验，秦汉时期的人们对于日月星辰的运行，比前代人知道得更多。随着天文学的发展，历法也有了进步。秦汉400余年，历法变更四次，变更的原因，是因计算不精，但这时的历法已具备了后世历法的主要内容——气、朔、闰、五星、交食、晷漏等；特别是东汉末年，刘洪造的《乾象历》，有推算日食月食的算法，并且编了一张月亮运行速度表。后来的历法，都是在这个基础上改进和提高的。中国古代的历法体系在秦汉时已经形成，而天文仪器、天象记录以及有关宇宙理论等天文学内容在这时也已经形成了自己的传统。

历法的推算，天文学的测验，需要算学，所以在天文、历法的研究中算学也被提高了，而土地测量、粟米和均输以及商业等会计也需要算学。《九章算术》的出现则标志着以算筹为计算工具的、独具一格的中国古代数学体系的形成。同时，从《九章算术》中有方程与勾股的存在，我们又可以看出在汉代已有代数学和几何学的萌芽。

农业方面，奠基于战国时代的轮作制、一般作物栽培的基本原理和精耕细作提高单位面积产量的技术措施，在秦汉时已得到确立。

秦汉时期，是旱作地区生产技术逐渐定型化的阶段，这一阶段，农业技术上比较突出的成就，是基本上解决了这一地区农业生产中的矛盾，即"春旱多风"与春种的矛盾。

黄河流域气候比较干燥，雨水分布也不均匀，大致是：黄河中下游的春天是"春旱多风"；夏季到秋初，雨水比较旺；冬季雨雪却不多。

因此，春种要受到严重威胁，秋种也难幸免。

为了解决这一矛盾，除在有条件的地区，兴建一些农田水利工程外，还在耕作栽培方面作了不少艰辛的、不屈不挠的斗争，并在这一过程中，创制了适合于不同地区的、多种形式的犁、犁壁、耙、耢、耧车等工具。

首先，他们运用畎种法的原理创制了"代田法"，土地轮番利用，使产量得到了提高；继则，又在"代田法"的基础上，发展了"负水浇稼"的"区种法"，将田地划分为若干小区或播幅，把作物播种在区里，采取深掘、集中施用肥、水和区内密植等一系列措施，以增加产量。

土壤耕作方面，中国传统农业精耕细作提高单位面积产量的技术措施在这时也基本确立，根据不同质地的土壤，择定各个适宜的耕作时期进行耕作，耕后，加一道"耱平"工序，就可以达到"和土"的目的。土壤经过这样处理，就具备了保墒防旱的作用，春种作物的出苗也从而得到保证。这种耕作措施，保证了春种作物和冬麦的生产，也促进了栽培技术的发展。在连续种植的经验基础上，又进一步摸清了作物与作物之间的关系，从而更好地安排了农作物的倒茬轮作方式。东汉期间，粟、豆、麦已成为一般运用的轮作方式。

这时期，在作物的选种上也同样取得了新的比较突出的发展。汉代已采用穗选法，拣选穗大而籽粒饱满的做种，在选种过程中，除注意品种的产量、成熟期等特性之外，还开始注意到它们的抗逆性、纯度等问题。

秦汉时的耕作措施，基本上解除了黄河流域农业生产上的主要威胁，提了技术水平，促进了旱作地区的农业生产。从生产实践中也总结出一些技术原理和原则，并随着生产的发展而逐步提高。《氾胜之书》就提出了生产中的重要环节："凡耕之本，在于趣时，和土，务粪、泽，早锄，早获，"又综合地、辩证地总结了运用天时、地利两个因素的生产规律，即"顺天时，量地利，则用力少而成功多，任情返道，劳而无获"，这些仍是我们今天农业生产中所必须遵循的规律。

秦汉时修建了许多水利工程，有些水利工程直到现在仍然起着作用，这时也对黄河进行了大规模的治理，这样保证了农业的发展。同时，水利工程技术也不断地被发明、改进，一些水利工程技术至今仍被运用。

其他一些农业生产技术，包括养马业、蚕桑业、园艺业在这时均有较大发展。可以说秦汉时期是我国古代农业生产技术体系的确立时期。

医药学在秦汉时期也有很大的进步。因为农业的发达，人类对于植物的性质获得了更多的知识，在长期的经验中，人类在不断地尝试中，知道了某种植物可以医治某病，因而有不少的植物，被引用为药物。《神农本草经》就是在这个基础上编成的，这部书奠定了后世本草学的基础，直到现在，这部书还是中国药物学的经典。

这时期的医学，已有内科、外科、妇科、儿科等分别。淳于意、马长、冯信、杜信、唐安等，都是当时有名的内科医生；而华佗则为外科高手，并创造性地运用"麻沸散"施行外科手术；张仲景的《伤寒杂病论》则确立了理、法、方、药具备的辨证论治的医疗原则，奠定了我国临床医学理论，大大充实了中医药学体系的内容。

地理学在汉代，也添加了新的内容。秦汉以前，中国人所知道的世界，仅限于中国的本部；对于塔里木盆地一带的情形，还是非常模糊；对于日本之岛，且认为是可望而不可即的神域；对于更远的地方，就更无所知了。秦汉时期，中国政府的使节和商人，先后走到了中国本土以外的遥远地区，他们从外国带回来许多关于异国风土人情的记载，这样就扩大了中国人的地理概念，改变了中国古代所谓"天下"的概念。

在《史记》《汉书》中，我们可以看到关于中国本土各地的山川形势、风土人情及物产等详细情况的记载；同时还可以看到关于南洋各地的记载。在《大宛列传》《西域传》《匈奴传》《西南夷两粤朝鲜传》中，我们可以看到中亚以及新疆、蒙古、辽东、福建、两广、川、黔、滇等地的地理记载。像这些记录的出现，不能不说这是中国地理学上的崭新一页。

而《汉书·地理志》的出现，开辟了沿革地理研究的新领域，但同时又使地理学成为历史学的附庸，这也是中国古代地理学的特殊之处。后世以论述疆域政区建制沿革为主的著作都是以《汉书·地理志》为典范写成的。古代地理学体系的形成正是从《汉书·地理志》开始的。

就生产技术而言，我国古代主要的冶铁技术除"灌钢"外在秦汉时均已出现，主要的纺织机械和农具的情况也大抵如此；马王堆出土的纺织品和地图，说明了纺织技术和地图测绘技术的巨大发展；造纸术发明并且得到了重大改进，主要的造纸工艺均已出现，漆器工艺更得到高度发展；庞大的楼船的建造以及橹、舵、帆等的发明与应用，是船舶技术臻于成熟的标志，长城、驰道、栈道、桥梁以及水利工程的兴建，则表明大规模的土木工程技术已有很高水平，等等。所有这些都为后世的进一步发展开拓了道路。

中外科技文化交流在秦汉时开始有很大发展，这是此时科学技术发展的一个重要特点。

科学技术的进步，给秦汉时期社会生产力的提高以有力推动。也为西汉文帝、景帝和武帝时期以及东汉前期的社会繁荣创造了条件，即这些时期几位统治者施行的一些开明政策措施对科学技术的发展起了促进作用，而科学技术的进步又推进了社会经济的发展。同时，科学技术的进步，给神学目的论和谶纬迷信说以有力打击，也给两汉时期思想斗争的开展以直接刺激。因此说秦汉时期是我国古代科学技术发展史上极其重要的时期，我国古代各学科体系在这时大多已形成，许多生产技术趋于成熟，这些都为后世科学技术的发展决定了方向，搭成了骨架。